储罐风险评价与管控

CHU GUAN FENG XIAN PING JIA YU GUAN KONG

《储罐风险评价与管控》编委会　编著

中国石化出版社
·北京·

图书在版编目(CIP)数据

储罐风险评价与管控/《储罐风险评价与管控》编委会编著. — 北京：中国石化出版社，2025.7 — ISBN 978-7-5114-7866-5

Ⅰ. TE972

中国国家版本馆 CIP 数据核字第 2025VU5277 号

中国石化出版社出版发行

地址:北京市东城区安定门外大街 58 号

邮编:100011 电话:(010)57512500

发行部电话:(010)57512575

http://www.sinopec-press.com

E-mail:press@sinopec.com

北京艾普海德印刷有限公司印刷

全国各地新华书店经销

*

710 毫米×1000 毫米 16 开本 9.25 印张 188 千字

2025 年 7 月第 1 版　2025 年 7 月第 1 次印刷

定价:68.00 元

《储罐风险评价与管控》
编 委 会

前　言

油罐作为油库储存和中转油料的重要设备，其巨大的储量及储质的易燃易爆特性，使得火灾、爆炸事故成为库区最严重的威胁。此类事故不仅会造成巨大财产损失、危及员工生命安全，还将会给社会和环境带来灾难性的后果，因此，必须坚持防患未然，提前排查风险和隐患，并做好风险管控。

近年来，国内石化企业积极学习国际先进的安全生产技术与管理经验。将这些经验作为改革方法率先引进，旨在助力国内石化企业建设 HSE(健康、安全与环境)综合管理体系，并推动其技术与管理方法的改进，从而提升整体安全生产和安全管理水平。为切实贯彻国家“安全第一、预防为主、综合治理”的安全生产方针，依据相关法律、法规、标准及规范要求，石化企业需建立健全针对具体风险源和有害因素的预防机制。此举的目标是将环境污染、人员伤亡以及设备经济损失等风险因素，有效控制在可接受范围内。

本书在对原油、成品油库进行实地调研和类比分析的基础上，通过科学分析和评价库区存在的各类问题，列举易导致事故的主要风险清单、违反法律法规和管理规范类风险清单(合规性清单)、油库(输油站)安全生产负面清单，编制了储罐风险评价与管控措施，以便于油库(输油站)管理者对照排查，及时发现问题，整改问题，超前预防、提前防范，提高油库的本质安全。

本书编写过程中参考了相关领域专家、学者的著作和研究成果，在此表示衷心的感谢。由于编者水平有限，书中难免存在疏漏之处，敬请读者批评、指正。

目 录

第一章 概 述

第一节 储罐风险评价与管控的起源及现状

一、储罐风险评价与管控的起源

储罐风险评价与管控的起源可以追溯到欧美国家的石油化工行业。这些国家工业发展的历史较长，特别是在储罐检验方面有着比较完善的标准体系支持。由于储罐所储存的介质通常是有毒可燃的，一旦储罐的某个部位/部件的劣化没有及时检查出来，就可能导致介质的泄漏，进而引发安全事故和环境污染，因此，对这些储罐定期进行在役检验，可以在事故发生之前，及时发现劣化的部位/部件并对其采取必要的维修，为储罐能够继续安全运行提供保障。这些国家的储罐管理部门，通过定期的检验和维修，能够让储罐的使用寿命在60年以上。

20世纪70年代，以美国为首的发达国家开始风险评价研究。欧美国家的储罐检验有比较完善的标准体系支持，储罐管理部门在这方面的检验工作也一直在系统、规范地进行。加上这些国家对环保极其重视，结合自己储罐所储存的介质特点以及所需的功能，都编制了各自的企业检验与维护规程，这些规程的要求通常比标准更严格和具体。

在北美，适用的储罐检验规范是API 653及其相关联的标准；在欧洲，适用的规范是EEMUA159及其相关联的标准；在北美和欧洲之外的世界各地，各业主更青睐于按照API 653对储罐进行检验，特别是，API有4000多名储罐授权检验员，分布在全球各地的储罐业主、保险公司、第三方检验等机构中，对API 653标准应用的推广起到重要作用。

相对欧美国家而言，中国的石化工业发展历史并不长，大批石油化工行业的储罐以及商业用储罐是在改革开放后才进行建设的，所以绝大部分储罐的罐龄不到40年，储罐的老化问题还没有充分暴露出来，所以通常的储罐管理方还没有对储罐进行系统检验的重要性产生足够的认识。

目前在中国，一些石油化工行业超大型业主，例如中石油、中石化都有自己的在役设备检验机构，其中就包含储罐检验。另外，各地方的特检院也有储罐检验的设备和能力。在独立的第三方检验机构中，能够系统地按照 API 653 对钢制常压储罐实施在役检验的是通标标准技术服务有限公司(SGS)，它拥有中国第一批 API 653 授权检验员，在全球有庞大而专业的储罐检验团队，在国际上有着丰富的储罐检验资源可以共享，比如人员、设备、经验、新技术的开发等。

二、储罐风险评价与管控的现状

目前国内对储罐区进行风险评价时，对于各个储罐的评价并不细致，多数只选取每个罐区发生事故后果危害性最大的危险源进行分析，从而导致该企业其他重大危险源发生事故时并没有相应的准备，进而导致事故后果更加严重，造成更大的人员伤亡及财产损失；对单个重大危险源进行事故后果分析时，对事故情景没有进行详尽的分析，从而导致事故后果危害并不准确，失去风险评价的主要意义。针对储罐事故研究方法侧重于对发生原因、事故经过和损失情况进行分析，或者储罐巡检排查风险因素，研究成果适用性有待提高，也不能很好地在其他储罐推广应用，从而不能从根本上消除或避免储罐事故。

2005 年英国 Buncefield 油库火灾爆炸事故是迄今为止欧洲最大的 1 次工业火灾爆炸事故。英国政府专门成立重大事故调查委员会进行了 3 年的调研，形成了 8 份调研报告和 4 份建议书，涉及储罐设计原则、储罐区配置、防火堤设计、罐区风险评价、应急响应、蒸气云爆炸机理、油库周边地区规划、重大危险源的社会风险控制等方面，并将上述文件在专门设立的网站公布。

英国针对 Buncefield 油库火灾爆炸事故的研究方法值得借鉴，为从根本上预防储罐事故，应深入研究国内外各类型储罐事故中具有普遍意义的经验教训。

第二节　储罐风险评价与管控的必要性

石油是工业的血液，是最重要的能源和化工原料，然而由于石油及其产品具有易燃、易爆、腐蚀、毒害等特性，使得其在生产、使用、储存、运输过程中存在潜在的风险，稍有不慎就会酿成事故，给国家和人民的生命财产造成破坏和损失。而对于大型石油储罐发生突发性事故，其后果就会更加严重，甚至可能是灾难性的。随着国民经济的迅猛发展，对石油产品的需求量与日俱增，石油罐区及储罐也向着大型化方向发展，目前我国在建和拟建的油库，尤其是国家储备库，库容大都在 $10\times10^5m^3$ 的量级以上，有的甚至规划到 $2\times10^7m^3$。油罐结构基本采用浮顶油罐，单罐容积小则 $5\times10^4m^3$、大则 $15\times10^4m^3$。世界上最大的原油储备库总容量已达 $7\times10^6m^3$，最大单罐容量是 $2.4\times10^5m^3$；我国目前最大的石油库已达 $10\times10^5m^3$。

据美国 API 统计，美国 85%的炼油厂存在储罐系统泄漏引起的地下水污染问题。1992 年，由于在当地的小溪、下水道和排水沟中发现了石油，一家公司向当地居民赔偿了 2 亿美元。由于设备失效，每年从石油储油罐泄漏的石油产品高达 370 万加仑。储罐每年的泄漏率为 7.2‰。目前我国尚无此类统计数据，但有关专家认为不会低于美国。

近年来，我国石油储罐区火灾、爆炸事故总体呈上升趋势，如 1989 年 8 月，黄岛油库 5 号混凝土原油储罐遭受雷击，储罐发生沸溢，喷溅油火引燃周围 4 座储罐，大火持续 104h，造成 19 人死亡和 100 多人受伤，直接经济损失 3540 万元；2006 年，仪征输油站 $15\times10^4m^3$ 外浮顶原油罐遭受雷击，密封圈起火；2010 年，兰州某石化公司 11 个储罐相继连环爆燃事故造成 12 人伤亡；2010 年 7 月，大连大孤山某保税库防火堤外输油管线爆炸起火，形成近 $6\times10^4m^2$ 的地面流淌火灾面积；2015 年 7 月，山东日照某科技有限公司厂区 $1000m^3$ 液态烃球罐发生沸腾流体扩展蒸气云爆炸，现场产生巨大蘑菇云，并持续燃烧，周边方圆 5km 居民全部撤离。可见，大型石油储罐区容积大，储量多，储运输送功能复杂，发生重特大火灾事故风险高，火灾扑救困难，一旦发生规模火灾爆炸事故，其后果是灾难性的，而且可能会对生态环境造成极大的破坏。因此，对储罐进行风险识别、评价就显得尤为重要。

第三节 储罐管理中的风险评价与管控措施

风险评价是储罐管理中的重要环节之一。通过风险评价，可以识别和评价与储罐相关的各类潜在风险，为制定有效的风险管控措施提供依据。风险评价的主要目的是减少事故的可能性和减轻事故的后果，以确保储罐的安全运行。

常见的风险包括火灾、爆炸、泄漏、腐蚀和环境污染等。火灾和爆炸是储罐主要的安全隐患，一旦发生会造成严重的人员伤亡和财产损失。泄漏可能导致有害物质的扩散和污染，对周围环境和人体健康造成威胁。腐蚀是储罐长期运行中不可避免的问题，会降低储罐的承载能力和使用寿命。环境污染是在运行和维修过程中可能产生的“三废”(废水、废气和固体废弃物)对环境造成的损害。

一、储罐风险评价考虑因素

1）储罐设计与制造风险评价：在储罐的设计与制造阶段，需要充分评价储罐的结构、材料、焊接质量等因素是否满足相关标准和规范，以确保储罐的强度和密封性。

2）储罐安装与验收风险评价：储罐安装过程中，需要评价施工过程中可能出现的影响储罐安全的因素，如施工质量、设备状况等。同时，在储罐安装完成后，需要进行严格的验收，确保安装质量符合相关要求。

3）储罐维护与检修风险评价：储罐的正常运行依赖于维护和检修工作的有效进行。风险评价应在维护和检修过程中充分考虑因素，包括维护保养计划的制订、操作规程的建立、人员培训等。

4）储罐监测与预警系统风险评价：储罐监测与预警系统是监控储罐状态、检测异常情况的重要手段。风险评价需评价监测系统的性能、准确性以及是否具备及时发出的预警能力。

二、风险评价的程序

风险评价的程序一般包括以下几个步骤：确定风险评价范围和目标→确定储罐的固有风险→评价储罐的操作风险→评价风险的严重性和可能性→制定风险控制方案和措施→实施风险管控措施。在确定风险评价范围和目标时，需要考虑储罐的规模、储存物质的性质、环境因素等诸多因素。在制定风险管控措施时，需要充分考虑技术、管理和人员等各个方面的因素。

三、风险管控措施

风险管控措施是保证储罐安全运行的重要手段。风险管控措施可以从技术和管理两个方面入手。在技术方面，应选择符合要求的储罐设计和材料，确保储罐的结构强度和密封性，并采用先进的监测设备和自动控制系统，及时发现和处理异常情况。在管理方面，应建立完善的管理制度和操作规程，加强人员培训和安全意识教育，确保操作人员按照正确的方法和规定操作储罐。

此外，定期的检修和维护也是风险管控的重要环节。定期对储罐进行检查、维护和保养，及时修复和更换老化和损坏的部件，以减少事故发生的可能性。

在实施风险管控措施时，需要建立完善的安全管理制度和监督机制，这包括责任制、培训制度、应急预案等，以及对工作人员的监督和考核。通过严格执行这些制度和机制，能够有效降低风险并提高储罐的安全性能。

综上所述，常压储罐管理中的风险评价与管控措施是确保储罐安全运行的关键环节。通过风险评价全面、系统的分析，可以识别和评价潜在风险，并制定相应的风险管控策略和措施，从而最大限度地减少事故的发生。同时，风险管控措施的建立和实施，可以保证储罐的长期稳定运行，有效地保护人员生命安全和生态环境。在储罐管理中，风险评价与管控措施的建立应得到足够的重视和实施。

第二章 易导致事故发生的主要风险管控

第一节 安全类事故风险管控

一、油品储罐区发生池火灾的风险

1. 主要致险情景

生产岗位人员误操作导致储罐溢罐，金属软管断裂、人孔和阀门静密封等大量泄漏油品或储罐不切水，罐底板严重腐蚀导致大量油品泄漏，在防火堤内形成液池并发生池火灾。

2. 事故案例

1）2005 年 10 月 25 日 18 时，比利时一座储运罐区原油储罐由于长期不切水，罐底板的内部腐蚀，在距离储罐罐壁大约 1.5m，板长度大约 35m、宽度大约 200mm 的长条形区域的底板厚度几乎减到零，大约 37000m^3原油在 15min 之内几乎全部泄漏。

2）1993 年 10 月 21 日，江南某炼油厂轻质浮顶油罐因作业人员在进行操作时错开阀门，误将 311#油罐中的汽油输往310#油罐，310#油罐液面限位装置发出报警信号，值班员却误认为是液位报警装置误报(以前多次发生过)，并未采取任何措施，导致储罐溢罐引发池火灾，扑救过程长达 17h，造成 2 人死亡。

3）2018 年 5 月 14 日，某油库 $10\times10^4m^3$ 储油罐抽底油管线与储罐连接处金属软管断裂引发原油大量泄漏，所幸经紧急处置未造成池火灾。

3. 防控要点

1）加强储罐因罐壁和罐底板腐蚀、连接波纹管的检查检测，预防导致油品大量泄漏引发池火灾的风险。

2）加强油罐液位计报警、高高液位报警及联锁装置的完好投用，防止人员误操作等导致溢罐发生池火灾的风险。

3）严格库区防火、防静电和动火作业管理。

二、外浮顶储罐雷击着火引发浮顶全液面火灾的风险

1. 主要致险情景

浮顶密封圈火灾没有得到及时扑灭、浮顶浮舱泄漏导致局部着火爆炸或浮船因暴雨发生沉没并遭遇雷击着火，火势扩大到整个液面，引发全液面火灾等。

2. 事故案例

2001 年 6 月 7 日，大雨导致美国路易斯安那州诺科市某炼油厂 1 座外浮顶汽油罐浮盘发生部分沉没。13 时 30 分，雷击击中该汽油储罐，导致浮顶全液面火灾的发生。

3. 防控要点

加强储罐防雷设施、高高液位报警及联锁装置的检查检测，强化浮顶浮舱和中央雨排系统的检查，预防储罐浮顶全液面火灾的发生。

三、节假日现场作业风险管控薄弱的风险

1. 主要致险情景

节假日期间是库区安全监管最薄弱的时间段，承包商作业人员在节假日作业过程中，存在违章指挥和违章作业增多等风险。

2. 事故案例

2013 年 6 月 2 日 14 时 27 分，某石化公司第一联合车间三苯罐区小罐区 939# 杂料罐在周日动火作业过程中发生爆炸，泄漏的物料着火引起相邻 3 座储罐相继爆炸着火，造成 4 人死亡。

3. 防控要点

油库应制定节假日作业风险管控措施（包括作业升级管理、严禁非抢修作业等），加强对节假日期间现场施工作业的风险控制，确保节假日作业过程的安全。

四、汽油罐车运输过程中着火、爆炸的风险

1. 主要致险情景

汽油罐车静电拖地带严重不合格，汽油罐车运输过程中有着火爆炸的风险。

2. 事故案例

2020 年 6 月 13 日，浙江温岭市 G15 沈海高速一辆液化气槽罐车因大量静电不能及时导到地面而发生爆炸，造成 19 人死亡、23 人重伤。

3. 防控要点

1）油库要强化对危险化学品（汽油）罐车静电拖地带电阻的抽查和检测，对接地电阻检测不合格的汽油罐车等危化品运输车辆，严禁进入油品站台充装作业。

2）严禁利用油罐车静电拖地带代替充装站台专用静电接地装置，原因是油罐车在装卸油中，一般停放在水泥地或较紧硬的地面上，其静电拖地带的电阻不满足低于10Ω的要求，充装过程中很难保证与站台设备保持等电位。

五、大检修承包商风险辨识和安全风险管控能力不足的风险

1. 主要致险情景

大检修承包商的部分管理人员缺乏风险辨识和风险管控基本知识，尤其对高风险作业环节的风险辨识和管控能力不足，极易导致承包商因安全管理缺失引发作业事故。

2. 事故案例

2001年9月6日，某公司原油罐区在拆卸旧阀施工过程中，施工人员在起吊2#阀门时，管线内部分原油溢出，阀室内通风不良，现场油气弥漫，但施工人员仍然冒险作业，引燃阀室地面上原油，导致阀室一层管线区域火灾，造成1人轻伤。

3. 防控要点

要严格承包商作业人员风险辨识和管控能力的评估，强化对承包商作业涉及的危化品（包括原油、汽油、柴油、氮气、氩气、油漆稀释剂等）危险特性和风险管理基本知识的培训，弥补承包商安全管理中的不足，确保承包商高风险作业过程的风险受控。

六、在地下污油罐和含油污水池使用立式长轴污油泵导致着火爆炸的风险

1. 主要致险情景

部分油库在地下污油回收罐和密闭地下含油污水池上设有立式长轴污油水泵，在异常运行情况下（如轴承因震动大等损坏将导致轴承部位高温过热）将存在引爆罐（池）内爆炸性混合气体的风险。

2. 事故案例

中石油北方某石化公司在含油污水池上启动立式长轴泵，立式长轴泵因长轴

震动大，而出现损坏高温过热，引发污油池闪爆事故造成多人受伤，目前中石油已严令禁止在地下含油污水池和污油罐使用立式长轴泵。

3. 防控要点

油库应排查此类风险并制定风险防控措施，加强设备维护或更换泵型。

七、成品油充装站台充装作业的风险

1. 主要致险情景

站台充装鹤管、工艺管道、阀门密封未按要求进行检查，存在腐蚀凹坑、裂纹、穿孔、密封胶垫破损等缺陷；防火、防爆、防雷、防静电、防泄漏等措施失效；未落实好充装作业前的各项检查工作。

2. 事故案例

2021 年 8 月 3 日 10 时 40 分，深圳市中海油销售深圳有限公司一湾仓储分公司一辆油罐车在 4#发油台充装柴油时，油罐车罐内气体发生闪爆事故，造成在油罐车旁作业的司机颈部轻微灼伤。调查结果：至事发前，事故罐车装载过一次 95#汽油，罐内汽油蒸汽混合物从微细的罐体裂缝中泄漏至罐车穿线管道，穿线管内部的导线(正极)与穿线管管道(负极)发生短路并产生火花，导致汽油蒸汽混合物发生闪爆。

3. 防控要点

充装鹤管应定置管理，并定期检测与维护保养；成品油罐式车辆要按照规定进行定期检验，确保车辆状态完好，定期对装车台的防火、防爆、防雷、防静电、防泄漏等装置进行检验和检查；充装作业开始前严格按照要求落实各项检查工作(包括各种证件和证明材料)；严格落实相关的防静电、防火花等安全措施。

第二节　人员操作类风险管控

一、成品油内浮顶储罐拆卸破损浮箱、密封带作业的风险

1. 主要致险情景

汽油等内浮顶储罐拆卸破损浮箱、密封带作业过程中，因防静电等安全措施未落实或防静电措施不可靠，存在储罐内作业导致着火爆炸的风险。

2. 事故案例

1) 2022 年 2 月 22 日 13 时，某石化公司组织某作业公司人员在进行割浮盘

囊式密封带过程中，罐内发生爆燃，造成1人死亡、2人轻伤。

2）2018年5月12日15时，某石化公司在拆除苯罐浮盘破损浮箱过程中，浮箱内苯外泄在储罐底板上，且未被及时清理发生了闪爆，造成6名作业人员当场死亡。

3. 防控要点

应全面梳理和辨识成品油储罐拆卸破损浮箱、密封带等作业环节的风险，编制内浮顶储罐安全作业管理细则（指南），严格控制和削减作业过程中的着火爆炸风险。

二、油库输油管道加注含有强氧化剂的作业风险

1. 主要致险情景

在油库输油管道加注含有强氧化剂过氧化氢的“脱硫化氢剂”作业，将导致输油管道爆管着火的风险。

2. 事故案例

2010年7月16日18时许，大连某公司承包商违规在原油库输油管道加注含有强氧化剂过氧化氢的“脱硫化氢剂”作业，导致原油罐区输油管道发生爆炸，造成原油大量泄漏并引起灾难性火灾。

3. 防控要点

排查和评估在油库储罐或输油管道加注直接添加性质不明或能发生剧烈反应的物质的作业风险，消除导致输油管道爆管着火的风险。

三、油品管道封堵和管线、设备打开作业的风险

1. 主要致险情景

在生产、作业区域内，任何存有油品的封闭设备和管道的打开和管道封堵（开孔）作业，如果隔离措施未有效落实或隔离失效、作业人员违章作业等，都可能导致油品泄漏、着火或爆炸。

2. 事故案例

2019年3月15日，大连某石化公司承包商对催化装置一台汽油泵检修，用关闭出入口阀代替盲板隔离，在拆卸设备法兰时泵出口阀内漏导致汽油倒窜泄漏着火。

3. 防控要点

作业前，作业单位应进行风险评估，根据风险评估的结果制定相应风险管控

方案，需要打开的管线或设备必须与系统隔离，其中的介质应采用排净、冲洗、置换、吹扫等方法除尽。管道封堵作业应严格执行《钢质管道带压封堵技术规范》(GB/T 28055—2011)等相关规定，凡是没有办理作业许可证、没有按要求编制安全作业方案、没有落实安全措施的作业项目严禁实施。

四、储罐或浮舱内防腐作业的风险

1. 主要致险情景

在储罐或浮舱内使用油漆进行防腐作业，油漆或稀释剂中的有机溶剂将挥发出可燃气体，如果擅自更换使用挥发性大的稀释剂或未采取强制通风措施，现场使用非防爆电气照明或非防爆工具等，都可能引爆达到爆炸极限的可燃气体。

2. 事故案例

2006 年 10 月 28 日，某石化公司承包商在 $10\times10^4m^3$ 原油储罐浮顶隔舱内进行刷漆作业，在没有采取任何强制通风措施的情况下，使用非防爆电气照明设备，作业过程中储罐隔舱内的油漆和稀释剂挥发的可燃气体发生爆炸，造成 13 人死亡、6 人轻伤。

3. 防控要点

加强承包商作业人员对油漆稀释剂理化性质和危险特性的培训，严禁承包商擅自变更使用质量差、挥发性高的油漆稀释剂，作业前制定好风险辨识和风险管控措施，严禁使用非防爆工具和电气设备，落实好器内的强制通风等安全措施。

五、含油污水池清污作业风险

1. 主要致险情景

含油污水池中的淤泥会散发出有害气体，如甲烷、硫化氢等，这些气体不仅易燃易爆，而且有毒气体硫化氢比重比空气大，会沉积在坑、池、井等低洼处。若在未采取有效的气体浓度检测、个体防护等安全防护措施情况下，人员进入池内作业都可能发生中毒窒息的危险。

2. 事故案例

1）2022 年 2 月 18 日 10 时 34 分，某纤维有限公司在开展污泥浓缩池清污作业过程中发生一起人员中毒窒息事故，造成 2 人死亡、2 人受伤。

2）2021 年 7 月 3 日 15 时，浙江海宁某新材料有限公司在废水收集池清理作业时，公司1名员工下池底进行清淤吸入有害气体晕倒，4名工友施救时相继中毒，共造成3人死亡、2人受伤。

3）2021年9月17日，大连某食品有限公司污水处理站2名工人对污水处理站的污泥池、调节池进行抽水作业，下午4时许水全部抽干，于某不顾同事劝阻擅自决定下到调节池，在离池底1m处昏倒，刘某某下到调节池进行施救未果。现场瓦工邓某某不顾大家劝阻执意下去施救，也昏倒在池底。几分钟后，消防部门和120医护人员到达现场将3人送到医院，均抢救无效死亡。

3. 防控要点

严格按照要求进行可燃气体和有毒气体检测分析，严格作业人员安全技术交底和现场应急预案的培训，避免盲目施救；做好现场安全监督、监护等。

六、进入储罐内清理污油渣作业的风险

1. 主要致险情景

在密闭空间从事检修作业，存在缺氧、高温、易燃易爆、有毒有害等危险因素，进罐作业前未将油气置换彻底或未进行可燃气体和有毒气体检测分析，或使用非防爆电气设备和工具或系统管线未盲板隔离，尤其是进入储罐清渣作业，极易发生中毒窒息或着火爆炸等事故。

2. 事故案例

1）2010年6月29日16时20分，某石化公司炼油厂原油输转站$3\times10^4m^3$原油罐在清罐作业过程中，使用了非防爆工具和非防爆照明灯具，发生可燃气体爆燃事故，致使罐内作业人员5人死亡、5人受伤。

2）2001年12月13日，湖南某油库对1座$5000m^3$覆土油罐进行清罐工作，油库主任、副主任、仓储股长等人在没有顶水排净罐内底油的情况下，就拆开油罐人孔，罐内油气外泄充满罐通道，而此时不按规定对油气浓度进行检测和分析，就使用防爆性能不完好的鼓风机在管道内通风，导致爆炸，覆土罐顶和钢罐顶被炸开塌陷，罐内残油烧尽，事故中烧伤4人，烧毁$5000m^3$钢罐1座。

3. 防控要点

严格按照工艺处置规定对储罐油气置换和能量隔离，按照规定对储罐上、中、下等部位进行可燃和有毒气体检测，并在作业过程中使用防爆电气设备和防爆工具，严格作业人员规范着装，做好安全技术交底和现场安全监督、监护等。

七、含油污水池和事故污水收集池发生人员淹溺的风险

1. 主要致险情景

库区内设置事故污水池，若水池长期高水位存水、无安全护栏、护网，或观察口盖板缺失或腐蚀，无安全警示标志或夜间照明不足，人员巡检、检修或清理水中杂物时，有掉入池水中淹溺的危险。

2. 事故案例

2010 年 7 月 7 日，哈尔滨某公司供排水车间污水提升泵站现场检修作业，1 名工作人员穿过集水池顶，脚踏已经腐蚀严重的观察口盖板，人与盖板一起坠入地下集水池中淹溺死亡。

3. 防控要点

加强各类含油污水池的安全护栏、护网或观察口盖板的检查和维护，设置安全警示标志并确保现场夜间照明充足，人员巡检、检修或清理水中杂物时，要制定并落实风险防范措施，避免人员坠入水中发生淹溺。

八、储罐区起重作业的风险

1. 主要致险情景

库区吊装作业风险较多，导致的事故类型也较多，需要关注储罐顶堆积施工材料超重，导致罐顶塌陷撕裂的风险。

2. 事故案例

2019 年 5 月 13 日 17 时 45 分，某工程公司在某炼化公司汽油罐顶部进行吊装作业，因在罐顶堆积施工材料超重，造成罐顶塌陷撕裂，在罐顶作业的 3 名作业人员坠落至罐底，事故造成 1 人死亡、1 人重伤、1 人轻伤。

3. 防控要点

在储罐区从事吊装作业，应按照规定编制吊装作业方案，落实吊装作业安全措施，对起重机械、吊具、索具、安全装置等进行检查，确保其处于完好状态；罐顶部严禁堆放未经核算的施工材料和工器具，吊具、索具应经计算选择使用，严禁超负荷吊装作业。

九、汽油储罐采样着火风险

1. 主要致险情景

采样绳损坏失效或未按规定进行静电接地连接，都会导致铜质采样器带静

电，其与采样口极易发生放电引起火灾。

2. 事故案例

2002 年 3 月 21 日下午 5 时，1 名化验员在储运车间 855 罐罐顶采样作业，855 罐是容积 5000m^3 的内浮顶储罐，储存介质为汽油。当采样结束，将采样器由罐内向外提出临近采样口时，发现采样器突然出现火苗，化验员立即将采样器提出罐外，随手将采样口盖板放下盖住，将采样器、采样绳用工作服上衣包住扔到罐下，与随后赶来的他人用灭火器将火扑灭。

3. 防控要点

采样绳、检温绳等必须严格按期检定或更换，储罐应安装防静电警示牌，采样口 1.5m 范围外应安装本安型人体静电消除器，化验员应做好人体静电释放和采样绳静电接地连接；采样作业时应严格执行操作规程作业。

十、油品储罐机械清洗作业的风险

1. 主要致险情景

油品储罐机械清洗作业过程涉及机械清洗、临时用电、吊装、进入受限空间等诸多风险作业，存在中毒窒息、着火爆炸、机械伤害、物体打击、人员触电等风险，油罐清洗施工作业过程中，由于清洗液喷射流速较大会产生大量静电，若相关设备未做好储罐和设备防静电接地或防静电接地失效就会形成静电积聚，当电压升高到一定程度后就会产生静电放电，如果清洗罐内氮气供给不足，罐内的氧气浓度大，就将引爆储罐内可燃性混合气体。如果作业过程中未严格落实相关规范要求和油库机械清洗施工作业相关方案等的风险管控措施，也可能导致事故。

2. 事故案例

湖南某油库在清洗油罐作业过程中，未对油罐进行可燃气体分析，使用高压水枪清洗油罐过程中，由于流速大产生大量静电，油罐静电接地因腐蚀损坏，造成储罐静电积聚放电，引起储罐内混合气体发生爆炸，造成油罐被毁、4 人受伤。

3. 防控要点

1）做好现场电气设备和储罐等接地检查检测，认真落实防静电控制措施。作业人员要配备符合国家标准的劳动防护用品和应急救援器具，如防静电鞋、防静电阻燃型服装和防静电手套、安全帽、过滤式和正压式呼吸器等，严禁使用化纤绳索及化纤抹布。

2）清洗机作业期间，油罐内氧气浓度应控制在 8%（体积分数）以下。进罐作业前，应对罐内进行强制通风；通风方式宜采用罐壁人孔送风的方式，电动防爆风机不应与罐体直接接触；清罐人员应落实安全防护措施并办理受限空间作业票；应对罐内进行气体检测，氧气浓度稳定处于19.5%~23.5%（体积分数）之间，可燃气体含量低于爆炸下限的10%，H_2S浓度不大于$10mg/m^3$。清罐人员进罐作业时，应持续对罐内进行强制通风，罐内应设置两台以上具备声光报警功能的防爆气体检测仪，并处于开启状态；进罐人员应定期轮换，并配备防爆通信设备定期喊话。进罐作业应保证安全用电和充足照明，应使用防爆工具作业；清罐过程中不应使用轻质油或溶剂擦洗油罐罐体和附件。

3）严格执行储罐机械清洗作业规范的相关要求，起重吊装严格执行起重作业安全管理规定，吊装前组织对吊装机具、安全自动装置等的检查，并安排吊装监护人进行过程监护。

第三节　环境污染类风险管控

一、环保废气回收处理装置对空排放阀未实施挂锁和铅封管理存在的违规风险

1. 主要致险情景

氮封储罐和站台等废气回收处理装置的旁路或对空排放阀门未挂锁和铅封。

2. 事故案例

2018年6月15日，晋城市环境保护局对高平市某铸管有限责任公司现场检查发现，该企业烟气脱硫设施旁路挡板未铅封、原有烟囱有烟气排出，存在非紧急情况下开启应急排放通道、不正常运行大气污染防治设施等逃避监管的方式排放大气污染物，晋城市环保局依法下达《责令改正违法行为决定书》，作出罚款13万元的行政处罚决定。

3. 防控要点

油库要组织排查氮封储罐和站台等废气回收处理装置等环保设施运行旁路，或对空排放阀门挂锁和铅封情况，避免环保部门疑似违规排放被查处的风险。

二、油库化验室内存放氩气瓶泄漏导致窒息亡人的风险

1. 主要致险情景

油库化验室内存放化验用的氩气瓶发生泄漏或在坑、池、储罐内使用氩弧焊作业时发生氩气瓶或氩气袋泄漏，导致人员窒息死亡的风险。

2. 事故案例

1）1989年5月9日，武汉某炼钢厂发生1起因在3m深的地坑内施工，新安装的管道采用氩气吹扫，导致坑内6人因氩气窒息死亡。

2）2021年11月28日，合肥某化工机械厂内1座地下方坑中发生氩气瓶泄漏，造成正在施工的4名作业人员死亡。

3. 防控要点

氩气属于惰性气体，比空气重，当氩气在空气中浓度达到33%时，可引起人体窒息死亡。为汲取事故教训，油库应排查此类风险并制定风险管控措施，对于室内未设置固定式氧气检测声光报警仪的化验室，应及时将氩气瓶移至室外。

第四节 其他类风险管控

一、作业人员发生触电的风险

1. 主要致险情景

在库区挖掘管沟作业过程中，使用没有设置漏电保护器的潜水泵抽水作业，如果潜水泵发生故障漏电，极易造成坑、沟内作业人员触电亡人事故；非电气人员违章接电作业、未佩戴相应的防护用品、电气检修场所未设安全警示标志、使用移动电器未设置漏电保护器、人与电气设备带电部位安全距离不足、人体过分接近高低压带电设备，检修结束人员未撤离即误送电或安全措施有误引起反送电，都有可能造成人员触电伤亡事故。

2. 事故案例

1）2002年11月6日，安徽省某化肥厂氨水泵房1#碳化泵电机检修，值班电工未将线路完全拆除，断电后没有将保险拔除，将拆开的线路线头包扎，未挂牌示警，现场1名检修人员误将检修泵开关“按钮”按“开启”，使线端带电发生短路，弧光将其击倒并造成左手臂、左大腿皮肤被电弧深度烧伤。

2）2002年9月18日，上海某联合厂1名焊工在厂房工地上进行竖向钢筋焊接作业时，因焊钳漏电被电击后从2.7m的高空坠落到基坑内，送到医院抢救，因伤势过重，抢救无效死亡。

3. 防控要点

应严格现场临时用电管理，强化现场漏电保护器的作业前检测和试验，加强对电气作业人员和焊工安全教育，严格落实电气安全管理制度要求，杜绝违章指挥、违章作业、无证作业。

二、机械伤害风险

1. 主要致险情景

油库内转动设备外露旋转部位，若防护罩、护板等防护装置缺失，人不慎触及外露传动部位就会发生机械伤害，检修机泵等设备时如不断开电源或没有悬挂“禁止启动”牌，一旦发生设备误启动都有发生机械伤害的风险。

2. 事故案例

2011 年 3 月 3 日，新疆某石化公司热电厂化学车间发生一起员工清理凉水塔 1#清污机杂物过程中被卷入清污刷和上链条之间的事故，造成 1 人死亡。

3. 防控要点

1）排查机泵等转动设备外露旋转部位的防护罩等防护设施的完好性，包括含油污水池清渣机传动链条、齿轮机、接近地面的机泵连轴节、皮带轮、砂轮等易伤害人体的部位，发现防护缺失应及时处理。

2）在检维修作业时严格做到切断电源、挂警示牌，设专人监护。避免“自以为不会出事”的麻痹思想导致转动部位发生伤人事故。

三、发生蒸汽烫伤的风险

1. 主要致险情景

原油库储运中使用蒸汽，蒸汽管道在使用过程中发生蒸汽泄漏，与作业人员身体接触，会发生高温烫伤的危险。高温设备、管道若未采取隔热保温措施，作业人员不慎接触暴露在外的部分将有被烫伤的危险。

2. 事故案例

2012 年 7 月 24 日，上海浦东新区某工厂内蒸汽管线上一个蒸汽阀门突然失灵，正在进行检修的 1 名作业人员被突然喷涌而出的大量蒸汽烫伤，全身近半皮肤红肿异常，所幸经过及时救治没有生命危险。

3. 防控要点

油库要加强对蒸汽管道阀门、法兰密封点和导淋阀、蒸汽消防快速接头等部位的检查，防止使用过程中发生接头脱落或密封点蒸汽泄漏造成烫伤人员的危险，高温设备和管道应采取隔热保温措施。

第三章　违反法律法规和管理规范类风险管控

第一节　油库位置和平面布置风险管控

一、重点风险提示

1）库区位置如果选址不当，遭遇暴雨等自然灾害时可能出现内涝，进而导致建筑物和设备基础塌陷或下沉，易燃及有毒物料大量泄漏而引发火灾、爆炸、中毒等事故。在设计时充分考虑到当地降雨因素，在罐区周围设置了排水设施，应及时维护。设置了事故水池，使库区具有相应的防涝、排涝能力。

2）库区处于社会影响敏感地区、社会关注区(人口密集区)，做好油库的安全生产工作尤为重要。

二、重点检查内容提示

1）处于社会影响敏感地区，包括水源保护地、自然保护区、重要生态功能区、社会关注区(人口密集区)、防恐重点地区的油库应急预案是否满足要求。

2）位于城市中心或人员密集区的油库区，火灾和爆炸分析评估油库区现场人员密集场所是否已经做了抗爆设计；防火间距等是否满足新规范要求；基于火灾、爆炸等风险评估确定是否已经整改或增加风险管控措施。

3）检查不同类型储罐同区布置、储罐罐容和数量、防火堤容量和结构、雨水污水管网设置等相关要求的符合性。

4）评估处于防恐(恐怖分子采取暴力袭击库区、纵火和化学毒剂袭击等手段)重点地区的油库区的预警、防范设施和维稳应急预案是否满足要求。

5）排查油库区等重要设施的安全防护距离等合规性情况；对不能满足外部安全防护距离要制定整改方案。

油库位置和平面布置风险清单见表3-1所列。

表 3–1　油库位置和平面布置风险清单

序号	存在的风险	主要依据
1	涉及重点监管危险化工工艺、重点监管危险化学品或者危险化学品重大危险源(即"两重点一重大")的建设项目，未由具有石油化工行业相应资质的设计单位设计。	国家安全生产监督管理总局令(第45号)《危险化学品建设项目安全监督管理办法》
2	1. 重大危险源未按照 GB/T 37243、GB 36894 等标准规范确定外部安全防护距离。 2. 油库未按照 GB/T 37243 要求开展外部安全防护距离评估核算。 3. 外部安全防护距离不满足根据 GB 36894 确定的个人和社会风险基准的要求。	1.《危险化学品安全专项整治三年行动实施方案》; 2.《危险化学品生产装置和储存设施外部安全防护距离确定方法》(GB/T 37243—2019); 3.《危险化学品生产装置和储存设施风险基准》(GB 36894—2018)
3	石油库周界围墙高度未大于 2m，围墙顶部未设有防止攀爬的措施，出入口未设置栅栏门。	《易制爆危险化学品储存场所治安防范要求》(GA 1511—2018)第 7 条
4	单独成组布置的泄压罐除外，存在"沸溢性的油品储罐与非沸溢性油品储罐布置在同一防火堤内；常压油品储罐与液化石油气、液化天然气、天然气凝液储罐布置在同一防火堤内"的隐患。	《石油库设计规范》(GB 50074—2014)第 5. 1. 11 条和第 5. 2. 11 条
5	装车站台不满足"公路装卸区应布置在石油库临近库外道路的一侧，并宜设围墙与其他各区隔开；行政管理区、公路装卸区应设直接通往库外道路的车辆出入口"的要求。	《石油库设计规范》(GB 50074—2014)第 6. 5. 7 条
6	石油库出入口未安装入侵报警装置和视频监控装置，监视和回放图像不能清晰辨别进出人员的面部特征和物品出入场所交接情况或视频图像存储不满足大于或等于 30 天的要求，未制定库区维稳应急预案。	《易制爆危险化学品储存场所治安防范要求》(GA 1511—2018)第 8 条
7	涉及甲、乙类火灾危险性的油库区内的控制室、交接班室未按照《石油化工建筑物抗爆设计标准》(GB/T 50779—2022)完成抗爆设计、建设和加固。具有甲、乙类火灾危险性、中毒危险性的厂房和仓库内的办公室、休息室、外操室、巡检室未予以拆除。	《危险化学品安全专项整治三年行动实施方案》
8	管道穿越防火堤处未采用不燃烧材料严密填实或在防火堤上违规开洞。	《石油库设计规范》(GB 50074—2014)第 4. 1. 6 条和第 6. 5. 6 条
9	单罐容积大于或等于 50000m^3 的甲、乙类液体储罐至居民区、公共福利设施、村庄的防火间距小于 120m。	《石油化工企业设计防火标准(2018 年版)》(GB 50160—2008)第 4. 1. 9 条

续表

序号	存在的风险	主要依据
10	地上油罐的基础面，未高出设计地坪 0.5m。	《石油库设计规范》(GB 50074—2014)第 4.1.13 条
11	防火堤及隔堤不满足相应的耐火极限，且存在渗漏的隐患。	《石油储备库设计规范》(GB 50737—2011)第 5.3.6 条和第 5.3.7 条
12	防火堤每 1 个隔堤区域内未设置对外人行台阶或坡道，或相邻台阶或坡道之间的距离大于 60m。	《石油储备库设计规范》(GB 50737—2011)第 5.3.9 条
13	存在“工艺管道穿越或跨越与其无关的易燃和可燃液体的储罐组、装卸设施及泵站等建(构)筑物”的隐患。	《石油库设计规范》(GB 50074—2014)第 9.1.17 条
14	当地上工艺管道与消防泵房、专用消防站、变电所和独立变配电间、办公室、控制室以及宿舍、食堂等人员集中场所之间的距离小于 15m 时，朝向工艺管道一侧的外墙未采用无门窗的不燃烧体实体墙。	《石油储备库设计规范》(GB 50737—2011)第 5.1.7 条
15	原油库区与相邻工厂或设施的安全距离不满足《石油库设计规范》(GB 50074—2014)的要求。	《石油库设计规范》(GB 50074—2014)
16	易燃、可燃液体储罐区相邻储罐之间的防火距离，小于相邻储罐中较大罐直径的 1.0 倍，且小于 30m。	《石油库设计规范》(GB 50074—2014)第 5.1.7 条
17	与储罐区无关的管道、埋地输电线存在穿越防火堤的隐患。	《石油库设计规范》(GB 50074—2014)第 5.1.15 条
18	1. 储罐总容量大于或等于 $1.2\times10^5m^3$ 的单个罐组未设环行消防车道； 2. 多个罐组共用 1 个环行消防车道时，环行消防车道内的罐组储罐总容量大于 $1.2\times10^5m^3$； 3. 同一个环行消防车道内相邻罐组防火堤外堤脚线之间未留有宽度不小于 7m 的消防空地； 4. 总容量不小于 $1.2\times10^5m^3$ 的罐组，未设有 2 个以上不同的方位能使消防车辆进入环形消防车道的路口。	《石油库设计规范》(GB 50074—2014)第 5.2.2 条、第 5.2.6 条、第 5.2.7 条、第 5.2.8 条、第 5.2.9 条、第 5.2.10 条
19	行政管理区、消防泵房、专用消防站、总变电所位于地势相对较低的场地处，但未有防止事故状况下流淌火流向该场地的措施。	《石油库设计规范》(GB 50074—2014)第 5.3.2 条
20	1. 石油库四周应设高度不低于 2.5m 的实体围墙。 2. 行政管理区与储罐区之间应设围墙。当采用非实体围墙时，围墙下部 0.5m 高度以下范围内应为实体墙。	《石油库设计规范》(GB 50074—2014)第 5.3.3 条和第 5.2.11 条
21	地上管道存在环绕罐组布置的问题，并且妨碍消防车的通行。	《石油库设计规范》(GB 50074—2014)第 9.1.2 条

续表

序号	存在的风险	主要依据
22	同一个地上储罐区内，相邻罐组储罐之间的防火距离，不符合下列规定： 储存甲B、乙类液体的固定顶储罐和浮顶采用易熔材料制作的内浮顶储罐与其他罐组相邻储罐之间的防火距离，不应小于相邻储罐中较大罐直径的1.0倍。	《石油库设计规范》(GB 50074—2014)第5.1.8条
23	油罐组内油罐之间存在防火距离小于0.4D和两个油罐组相邻油罐之间的防火距离小于0.8D。	《石油储备库设计规范》(GB 50737—2011)第5.1.5条
24	防火堤内的有效容积，小于油罐组内一个最大罐的公称容积，或防火堤容积和事故水收集容积不满足最大事故时收集污油水要求。	《石油储备库设计规范》(GB 50737—2011)第5.3.1条和第5.3.2条
25	在永久性的地上、地下管存在穿越或跨越与其无关的储罐组或在跨越罐区泵房的可燃气体和可燃液体的管道上设置了易发生泄漏的阀门和管道附件。	《石油化工企业设计防火标准(2018年版)》(GB 50160—2008)第7.1.4条
26	当油罐组内油罐的总容量大于$2\times10^4m^3$，且油罐座数多于2座，防火堤未设隔堤，隔堤顶不满足应比防火堤低0.2~0.3m的要求。	《石油库设计规范》(GB 50074—2014)第4.1.9条
27	码头上的输油管线的阀门未采用钢阀，并未在岸边适当位置设置紧急关闭阀。	《石油库设计规范》(GB 50074—2014)第6.2.9条
28	石油库围墙以内的输油管线，未采取地上敷设；围墙外的输油管线，未采用埋地敷设。	《石油库设计规范》(GB 50074—2014)第7.0.2条
29	地上或管沟内的输油管线，未敷设在管墩或管架上，保温管线未设管托。	《石油库设计规范》(GB 50074—2014)第7.0.2条
30	埋地输油管线的管顶距离地面，在耕种地段小于0.8m，在其他地段小于0.5m。	《石油库设计规范》(GB 50074—2014)第7.0.2条
31	地上或管沟内管线以及埋地输油管线的出土端(包括局部管沟、套管内管线及非弹性敷设管线的转弯部分等可能产生伸缩的管段)，未经过热应力计算，也未采取补偿和锚固措施。	《石油库设计规范》(GB 50074—2014)第7.0.3条
32	长输输油管线穿越铁路和道路时，未敷设在涵洞或套管内或采取其他防护措施，套管的两端伸出路基边坡未大于2m，路边有排水沟时伸出排水沟边小于1m。	《石油库设计规范》(GB 50074—2014)第7.0.4条

第二节　工艺管理风险管控

一、主要风险提示

1）油品泄漏的可能性。

① 储罐地基下陷。管道没有采用软连接而使管道、法兰撕裂发生泄漏。

② 若罐体、附件和密封有缺陷可能导致油品泄漏。

③ 储罐罐壁及底板由于腐蚀穿孔，储罐受压超过正常压力造成储罐破裂导致泄漏。

④ 储罐的设计和制造单位无相应资质，制作质量有问题造成储罐破裂，导致油品泄漏。

⑤ 储罐液位计失灵、操作人员的误操作或者违章操作时都可能发生油品储罐溢罐而造成油品泄漏。

⑥ 火灾、爆炸、地震等外来因素，造成设备、管路破裂，油品泄漏。

⑦ 罐体焊接质量缺陷造成焊缝破裂，基础发生不均匀沉降，储罐阀门失效、法兰密封不严、管道破裂都可能造成油品泄漏。

⑧ 设备、泵、管道、阀门维护不善或质量问题造成油品泄漏。

⑨ 油库采用管道输送。由于管路长、分布广，工艺管线承受一定的压力，若管线材质和焊接质量差、腐蚀致强度降低，再加上急开或速闭阀门，都有可能导致管道破裂，致使大量物料泄漏。

⑩ 外浮顶储罐沉盘事故的发生，可造成大量原油泄漏。沉盘事故发生的原因如下：

a）浮盘在长期频繁运行过程中，受原油温度变化、气候变化、储罐基础沉降、罐体的变形、浮盘附件是否完好等因素的影响，浮盘几何形状和尺寸发生变化，浮盘逐渐变形，出现表面凹凸不平。变形后浮盘在运行中各处受到浮力不同，以致浮盘倾斜而沉盘。

b）储罐和浮盘施工质量差，如罐体的直径、椭圆度、垂直度不合要求、浮盘变形与歪斜、导向柱倾斜、导向柱有间歇以及储罐的一、二次密封安装不好等，也易导致沉盘事故。

c）浮顶储罐浮盘因外力卡住不能自由动作时，会因快速卸料而使浮盘淹没，最终沉底。

2）油品通过管道输送，若流速过快蓄积静电，设备、管道无可靠的静电导除设施，遇易燃物料泄漏、静电放电可引发火灾、爆炸事故。

3）储运过程中因违章指挥、违章作业、违反操作规程而引发火灾、爆炸事故。

4）没有根据库区实际情况编制事故应急处置方案，处置方案没有针对性、实用性，没有定期组织培训演练，出现突发事故人员不会处理，导致事故扩大。

二、主要检查内容提示

1）重大危险源的油库是否采用 HAZOP 分析方法全面辨识工艺运行的安全风险，并提出相关安全措施整改建议。已完成 HAZOP 和 LOPA 分析的，是否评估完成了相关工作的有效性及相关整改建议的落实情况。

2）针对工艺安全风险是否设置安全阀、泄压保护等重要保护措施。

3）排查储罐切水系统（包括立式储罐含油污水、外浮顶罐中央排水、地上液化烃储罐切水等）设置的可靠性。

4）排查库区防火堤内的雨水、污水管道出防火堤前的隔断设置、水封井及运行管理要求符合性。

5）排查是否存在向油品储罐或与储罐连接管道中直接添加性质不明或能发生剧烈反应的物质，若存在加注设施，检查是否经过正规设计和风险评估。

6）检查操作规程和工艺变更管理是否符合规定。

三、工艺管理风险清单

工艺管理风险清单见表 3-2。

表 3-2　工艺管理风险清单

序号	风险描述	主要依据
1	不符合“固定顶储罐正常操作时液位不得低于进油线顶部 610mm 和进油线管径的 2 倍中的较小值，浮顶储罐浮盘处于浮起状态”的规定要求。	中国石油《轻质油品储罐技术导则》（2016 年 11 月修订版）第 3.2.5 条
2	不符合“汽油储罐收油温度≤40℃；柴油最高收油温度应低于油品闪点 5℃，并保证混合后的储存温度低于闪点 5℃”的要求。	中国石油《轻质油品储罐技术导则》第 3.2.3 条
3	对涉及重大危险源的储存装置未每 3 年运用 HAZOP 分析法进行 1 次安全风险辨识分析，未编制 HAZOP 分析报告，并对分析报告中提出的建议落实整改。	《关于加强化工过程安全管理的指导意见》（安监总管三〔2013〕88 号）第（五）条

续表

序号	风险描述	主要依据
4	向原油储罐或与储罐连接管道中直接添加性质不明或能发生剧烈反应的物质，如强氧化脱硫剂等。存在“向油气储罐或与储罐连接管道中直接添加性质不明或能发生剧烈反应的物质”的隐患。	《油气罐区防火防爆十条规定》(安监总政法〔2017〕15号)
5	设有蒸汽加热器的储罐未采取防止液体超温的措施。	《石油化工企业设计防火标准(2018年版)》(GB 50160—2008)第6.2.22条
6	未根据工艺管道内物质的一般性能分类，并按照规范要求完成管道规定基本识别色和相应的颜色标准编号及色样。	《工业管道的基本识别色、识别符号和安全标识》(GB 7231—2003)第4.1条
7	工业管道的识别符号由物质名称、流向和主要工艺参数等组成，其标识不符合下列要求： 1)物质名称的标识； 2)物质流向的标识等。	《工业管道的基本识别色、识别符号和安全标识》(GB 7231—2003)第5条
8	汽油、柴油、航空煤油等油品加剂，未设置固定的加剂设施。	中国石油《轻质油品储罐技术导则》第3.4.19条
9	储罐进液采用喷溅方式。不符合“甲B、乙、丙A类液体储罐的进液管从储罐上部接入时，进液管应延伸到储罐的底部”的要求。	《石油库设计规范》(GB 50074—2014)第6.4.9条
10	在涉及易燃、易爆、有毒介质设备和管线的排放口、采样口等排放部位，未采取加装盲板、丝堵、管帽、双阀等措施。	《危险化学品企业安全风险隐患排查治理导则》(应急〔2019〕78号)(二)设备的预防性维修和检测第7条
11	储罐区防火堤内的含油污水管道引出防火堤时，未在堤外采取防止泄漏的易燃和可燃液体流出罐区的切断措施。	《石油库设计规范》(GB 50074—2014)第13.2.2条；《石油储备库设计规范》(GB 50737—2011)第9.2.3条
12	油库的含油与不含油污水排水管道未采用分流制排放。含油污水未采用管道排放，而是采用明沟排放。	《石油库设计规范》(GB 50074—2014)第13.2.1条、第13.2.3条、第13.2.4条、第13.2.5条
13	油库区含油污水管道未满足“在储罐组防火堤处、其他建(构)筑物的排水管出口处、支管与干管连接处、干管每隔300m处设置水封井”的规定要求。	《石油库设计规范》(GB 50074—2014)第13.2.1条、第13.2.3条、第13.2.4条、第13.2.5条

续表

序号	风险描述	主要依据
14	油库区通向库外的排水管道和明沟，未在石油库围墙里侧设置水封井和截断装置；水封井与围墙之间的排水通道未采用暗沟或暗管，并存在水封井的水封高度小于0.25m的问题。	《石油库设计规范》(GB 50074—2014)第13.2.1条、第13.2.3条、第13.2.4条、第13.2.5条
15	当采用上装鹤管向汽车罐车灌装甲B、乙、丙A类液体时，未采用插到罐车底部的装车鹤管。鹤管内的液体流速，不符合“在鹤管口浸没于液体之前不应大于1m/s，浸没于液体之后不应大于4.5m/s”的要求。	《石油库设计规范》(GB 50074—2014)第8.2.8条
16	向汽车罐车灌装甲B、乙A类液体未采用密闭装车方式，并未按现行国家标准《油品装卸系统油气回收设施设计规范》(GB/T 50759)的有关规定设置油气回收设施。	《石油库设计规范》(GB 50074—2014)第8.2.9条；《油品装卸系统油气回收设施设计规范》(GB/T 50759)
17	不符合“汽车的装卸设施严禁就地排放液化烃”的要求。	《石油化工企业设计防火标准(2018年版)》(GB 50160—2008)第6.4.3条
18	油库工艺设备未经过正规设计也未进行安全设计诊断。	《关于开展提升危险化学品领域本质安全水平专项行动的通知》(安监总管三〔2012〕87号)
19	操作规程的内容不完善，缺少：开车、正常操作、临时操作、应急操作、正常停车和紧急停车的操作步骤与安全要求；工艺参数的正常控制范围，偏离正常工况的后果，防止和纠正偏离正常工况的方法及步骤；操作过程的人身安全保障、职业健康注意事项等相关内容。	《关于加强化工过程安全管理的指导意见》(安监总管三〔2013〕88号)第(八)条
20	未制定本企业可接受的风险标准。对辨识分析发现的不可接受风险，未及时制定并落实消除、减少或控制风险的措施，将风险控制在可接受的范围。	《关于加强化工过程安全管理的指导意见》(安监总管三〔2013〕88号)第(七)条
21	引进蒸汽、氮气、易燃易爆介质前，未指定有经验的专业人员进行流程确认；引进物料时，未随时监测物料流量、温度、压力、液位等参数变化情况，未严格控制进退料顺序和速率，现场未安排专人不间断巡检，监控有无泄漏等异常现象。	《关于加强化工过程安全管理的指导意见》(安监总管三〔2013〕88号)第(十)条
22	每年未对操作规程的适应性和有效性进行确认，不满足至少每3年要对操作规程进行审核修订的要求。	《关于加强化工过程安全管理的指导意见》(安监总管三〔2013〕88号)第(八)条

续表

序号	风险描述	主要依据
23	未建立工艺变更管理制度。工艺变更完成后，未及时更新相应的安全生产信息，或未建立变更管理档案。对重大工艺技术变更和重大设备变更未经过审批流程，或未经过正规设计。	《关于加强化工过程安全管理的指导意见》(安监总管三〔2013〕88号)；《关于开展提升危险化学品领域本质安全水平专项行动的通知》(安监总管三〔2012〕87号)
24	不满足“操作温度等于或高于自燃点的可燃液体设备至泵的入口管道，应在靠近设备根部设置切断阀。当抽出设备容积大于40m^3且与泵间距小于15m时，紧急切断阀应为带手动操作功能的遥控阀，遥控阀就地操作按钮距泵的间距不应小于15m”的规定要求。	《石油化工企业设计防火标准(2018年版)》(GB 50160—2008)
25	不符合“汽油、柴油、煤油的调和宜采用管道在线调和。如采用罐式调和，储罐宜设置侧向搅拌器或全方位旋喷搅拌器。任何情况下不得采用压缩空气进行调和”的要求。	中国石油《轻质油品储罐技术导则》第3.4.20条
26	油库导热油炉(原油加热炉)系统未安装安全泄放装置。	《石油化工企业设计防火标准(2018年版)》(GB 50160—2008)
27	在以下场景未按照规定设置安全阀： 1. 顶部最高操作压力大于或等于0.1MPa的压力容器； 2. 电动往复泵、齿轮泵、螺杆泵等容积式泵的出口(设备本身已有安全阀者除外)； 3. 凡与鼓风机、离心式压缩机、离心泵出口连接的设备不能承受其最高压力时，鼓风机、离心式压缩机、离心泵的出口； 4. 可燃气体或液体受热膨胀，可能超过设计压力的设备； 5. 顶部最高操作压力为0.03~0.1MPa的设备应根据工艺要求设置； 6. 两端阀门关闭且因外界影响可能造成介质压力升高的甲B、乙A类液体管道应采取泄压安全措施。	《石油化工企业设计防火标准(2018年版)》(GB 50160—2008)
28	现场表指示数值、DCS控制值与工艺卡片控制值不能保持一致。	《危险化学品企业安全风险隐患排查治理导则》
29	操作规程不能及时反映安全生产信息、安全要求和注意事项的变化。当工艺技术、设备发生重大变更时，未及时审核修订操作规程。	《关于加强化工过程安全管理的指导意见》(安监总管三〔2013〕88号)第(八)条

续表

序号	风险描述	主要依据
30	未建立三级安全教育培训体系，未制定安全教育培训制度，明确教育培训的具体要求，未建立教育培训档案；未制订并落实教育培训计划，未定期评估教育培训内容、方式和效果。存在从业人员未经考核合格后上岗的问题，特种作业人员未持证上岗。	《关于加强化工过程安全管理的指导意见》（安监总管三〔2013〕88 号）第（八）条
31	未根据岗位特点和应具备的技能制订各个岗位的具体培训要求；定期对培训计划进行审查，确保员工了解工艺系统的危害，以及这些危害与员工所从事工作的关系，帮助员工采取正确的工作方式避免工艺安全事故。	《化工过程安全管理导则》（AQ/T 3034—2022）第 4. 5 章节
32	未对培训内容、培训方式、培训人员、教师的表现以及培训效果进行评估，并作为改进和优化培训方案的依据；当工艺技术、工艺设备发生变更时，未按照变更管理程序的要求，就变更的内容和要求告知或培训操作人员及其他相关人员。	《化工过程安全管理导则》（AQ/T 3034—2022）第 4. 5. 6 条
33	未保存员工的培训记录，包括员工的姓名、培训时间和培训效果等。	《化工过程安全管理导则》（AQ/T 3034—2022）第 4. 5. 11 条
34	库区剂类危化品如甲、乙、丙类液体仓库未设置防止液体流散的设施。	《建筑设计防火规范（2018 年版）》（GB 50016—2014）第 3. 6. 12 条
35	雷雨季节未满足“每月至少检查 1 次浮顶、扶梯、罐壁之间的电气连接线有无断裂和缠绕，如有问题及时修复”的规定要求。	《中国石化大型浮顶储罐安全设计、施工、运行管理规定》第 10. 2. 5. 1 条
36	雷雨季节未满足“每月至少检查 1 次密封装置与浮顶、配线金属管与罐壁的电气连接情况，如有连接线松动、断裂等情况及时修复”的规定要求。	《中国石化大型浮顶储罐安全设计、施工、运行管理规定》第 10. 2. 5. 2 条
37	不符合“雷雨天原则上避免进油和出油作业。若生产工艺要求不能中断操作，应降低流速并加强监护”的规定要求。	《中国石化大型浮顶储罐安全设计、施工、运行管理规定》第 10. 3. 1 条
38	不符合“应控制油品输入输出的初始流速和最大流速。在浮顶完全浮起前应控制进油管口处的流速不大于 1m/s，待浮顶完全浮起后最大流速不大于 4. 5m/s”的规定要求。	《中国石化大型浮顶储罐安全设计、施工、运行管理规定》第 10. 3. 2 条
39	不符合“储罐在进油、出油和调和作业时，除标准要求之外，不应进行采样、检尺和测温”的规定要求。	《中国石化大型浮顶储罐安全设计、施工、运行管理规定》第 10. 3. 4 条

第三节　设备安全风险管控

一、重点风险提示

1）确保设备设施在允许的操作条件下操作、使用，及时正确地维护和保养；

2）实施预防性维修，进行日常检查、测试，并对关键的设备设施进行有计划的测试和检验；

3）对于需要维修的设备设施执行正确的维修程序以确保再次使用时能行使其原有功能，维修过程中的安全应通过作业许可程序予以保证；

4）应组织参与设备管理、使用、维修、维护的相关人员接受相关的培训。

二、重点检查内容提示

1）排查储罐相关安全附件(如安全阀、呼吸阀、阻火器、氮封等)的设置符合性、有效性及运行情况；

2）排查企业储罐类型、附件、装卸设施和其他设备是否存在国家明确要求淘汰的设备；

3）排查企业是否存在设备不完好或带病运行的风险情形；

4）检查压力容器和压力管道的安全管理、注册登记、定期检验、安全状况等级和安全评估(合于使用评价)等情况；

5）检查设备腐蚀、材质老化、设备工艺防腐、腐蚀检测情况；

6）检查设备材质是否满足安全生产要求；

7）检查动设备监控等情况，高危泵的选型、密封、泄漏监测、火灾防控等。

三、设备风险清单

设备风险清单见表3-3。

表3-3　设备风险清单

序号	风险描述	主要依据
1	储罐使用单位未对储罐及其安全附件、消防系统、火灾报警系统、测量调控装置、附属仪器仪表等设施按照国家相关规范做好定期检查、定期检测工作，进行日常维护保养，未对发现的异常情况及时处理并做好相关记录。	《立式圆筒形钢制焊接储罐安全技术规范》(AQ 3053—2015)第10.9条

续表

序号	风险描述	主要依据
2	不符合“储罐使用单位采用 RBI 程序来确定定期检验的周期，综合评价储罐发生泄漏或事故的可能性和后果，以确定在下一次定期检验前储罐最小厚度的可接受风险，可据此相应增大或减少所确定的定期检验周期”的要求。	《立式圆筒形钢制焊接储罐安全技术规范》(AQ 3053—2015)第 11.4 条
3	轻质油品储罐非弱顶结构设计。	中国石油《轻质油品储罐技术导则》第 3.3.1 条
4	国内首次采用的储罐型式未开展有效的安全可靠性论证。	《危险化学品建设项目安全监督管理办法》(中华人民共和国国家安全监管总局令第 79 号)第十三条
5	甲 B 类液体固定顶罐或低压储罐未采取减少日晒升温的措施。	中国石油《轻质油品储罐技术导则》第 3.1.3 条
6	甲、乙 A 类设备和管道未设置惰性气体置换设施。	中国石油《轻质油品储罐技术导则》第 3.4.18 条
7	离心式可燃液体泵未在其出口管道上安装止回阀。	《石油化工企业设计防火标准(2018 年版)》(GB 50160—2008)第 7.2.11 条；《石油库设计规范》(GB 50074—2014)第 7.0.12 条
8	油库使用了应淘汰的危及生产安全的设备。	《淘汰落后危险化学品安全生产工艺技术设备目录(第一批)》(应急厅〔2020〕38 号)
9	当油罐不能满足《立式圆筒形钢制焊接油罐设计规范》第 11.1.2 条的规定或其他原因需要锚固时，未进行锚固设计；锚固形式不满足锚固设计强度要求；不满足“锚固螺栓的最小规格应为 M_{24}；锚固螺栓的腐蚀裕量不应小于 3mm”的要求。	《立式圆筒形钢制焊接油罐设计规范》(GB 50341—2014)第 11.2.1 条、第 11.2.2 条、第 11.2.4 条
10	运行和备用设备上的安全阀等安全附件未正常投用。	《化工和危险化学品生产经营单位重大生产安全事故隐患判定标准(试行)》(安监总管三〔2017〕121 号)第十五条
11	储罐物料进出口管道靠近罐根处未设 1 个总的切断阀，储罐放水管未设双阀。	《石油化工储运系统罐区设计规范》(SH/T 3007—2014)第 5.3.7 条
12	热力管道与甲、乙类液体管道敷设在同一条管沟内。	《石油库设计规范》(GB 50074—2014)第 9.1.15 条

续表

序号	风险描述	主要依据
13	罐底边缘板的外伸部分未采取可靠的防水措施。	《立式圆筒形钢制焊接油罐操作维护修理规范》(SY/T 5921—2024)第6.5.2.3条
14	库外管道未在进出储罐区和库外装卸区的便于操作处设置截断阀门。	《石油库设计规范》(GB 50074—2014)第9.2.11条
15	输送加热液体的泵与输送闪点低于45℃液体的泵设在同一个房间内。	《石油库设计规范》(GB 50074—2014)第7.0.4条
16	下列储罐的通气管上未装设阻火器： 1. 储存甲B类、乙类、丙A类液体的固定顶储罐和地上卧式储罐； 2. 储存甲B类、乙类、丙A类液体并采用氮气密封保护系统的内浮顶储罐。	《石油库设计规范》(GB 50074—2014)第6.4.7条
17	易燃和可燃气体排放管口的设置，不符合下列规定： 1. 排放管口应设在泵房(棚)外，并应高出周围地坪4m及以上； 2. 排放管口设在泵房(棚)顶面上方时，应高出泵房(棚)顶面1.5m及以上； 3. 排放管口与泵房门、窗等孔洞的水平路径不应小于3.5m；与配电间门、窗及非防爆电气设备的水平路径不应小于5m； 4. 排放管口应装设阻火器。	《石油库设计规范》(GB 50074—2014)第7.0.15条
18	储罐的凝液或残液未密闭排入专用收集系统或设备。	《石油库设计规范》(GB 50074—2014)第6.4.11条
19	主要工艺设备的设备完整性不满足安全生产要求；压力容器安全状况等级、危险介质压力管道安全状况等级或设备安全状态不满足安全生产要求。	《固定式压力容器安全技术监察规程》行业标准第1号修改单(SG 21—2016/XG1—2020)；《压力管道安全技术监察规程——工业管道》(TSG D0001—2009)
20	压力容器设计文件不完整，包括计算书、图纸、制造检验技术要求等。2009年8月31日以后有改造与重大维修的老旧压力容器中的Ⅲ类压力容器未有风险评估报告(设计阶段)。	《固定式压力容器安全技术监察规程》行业标准第1号修改单(SG 21—2016/XG1—2020)；《压力容器》(GB/T 150.1—2011)
21	压力容器未按照《特种设备使用管理规则》的有关要求，对压力容器的使用进行安全管理，未按照规定向所在地负责特种设备使用登记的部门申请办理特种设备使用登记证。	《固定式压力容器安全技术监察规程》行业标准第1号修改单(SG 21—2016/XG1—2020)

续表

序号	风险描述	主要依据
22	未对压力容器按如下要求定期开展检查： 1. 每月对所使用的压力容器至少进行 1 次月度检查并记录。 2. 每年对所使用的压力容器至少进行 1 次年度检查，并出具检查报告，进行压力容器使用安全状况分析，并对年度检查中发现的隐患及时消除。	《固定式压力容器安全技术监察规程》行业标准第 1 号修改单（SG 21—2016/XG1—2020）
23	未在容器定期检验有效期届满前由特种设备检验机构进行再次检测，评定安全状况等级并出具定期检验报告。	《固定式压力容器安全技术监察规程》行业标准第 1 号修改单（SG 21—2016/XG1—2020）
24	不满足“金属压力容器的安全状况等级为 4 级的，要监控使用，其检验周期由检验机构确定，累计监控使用时间不得超过 3 年。安全状况等级为 5 级的，应当对缺陷进行处理，否则不得继续使用”的规定要求。	《固定式压力容器安全技术监察规程》行业标准第 1 号修改单（SG 21—2016/XG1—2020）
25	不满足“非金属压力容器的安全状况等级为 3 级的，应当监控使用，累计监控使用时间不得超过 1 年；安全状况等级为 4 级的，不得继续在当前介质下使用”的规定要求。	《固定式压力容器安全技术监察规程》行业标准第 1 号修改单（SG 21—2016/XG1—2020）
26	不满足“压力容器安全附件应定期校验或检查，仪表应定期检查和检定校准。压力容器安全附件的定期检验、延期检验按照相关压力容器安全性技术规范进行”的规定要求。	《固定式压力容器安全技术监察规程》行业标准第 1 号修改单（SG 21—2016/XG1—2020）；《常压立式圆筒形钢制焊接储罐维护检修规程》（SHS 01012—2019）
27	压力容器不满足“达到设计使用年限的压力容器（未规定设计使用年限，但是使用超过 20 年的压力容器视为达到设计使用年限），如果要继续使用，应当委托有检验资质的特种设备检验机构参照定期检验的有关规定对其进行检验，必要时进行安全评估，经过使用单位主要负责人批准后方可继续使用”的规定要求。	《固定式压力容器安全技术监察规程》行业标准第 1 号修改单（SG 21—2016/XG1—2020）
28	重新启用停用的压力容器时，使用单位未进行自行检查，或未到使用登记机关办理启用手续；或超过定期检验有效期的，未按照定期检验的有关要求进行检验。	《特种设备使用管理规则》（TSG 08—2017）
29	超设计年限的压力管道，不满足“应按照安全技术规范和相关产品标准要求，经检验或安全评估合格，由使用单位安全管理负责人批准后，方可继续使用”的规定要求。	《特种设备使用管理规则》（TSG 08—2017）；《压力管道安全技术监察规程——工业管道》（TSG D0001—2009）

续表

序号	风险描述	主要依据
30	压力管道不满足"在用压力管道在线检验每年至少1次(年度检查)。可自行检测，以外观检查和安全保护装置检查为主，必要时进行壁厚测定和电阻值测量。检测完成后应出具在线检验报告，做出检验结论"的规定要求。	《压力管道安全技术监察规程——工业管道》(TSG D0001—2009)；《压力管道定期检验规则——工业管道》(TSG D7005—2018)
31	压力管道未按一定的检验周期在管道停车期间进行较为全面的检验。全面检验(即定期检验)到期时，未向检验机构申报。	《压力管道安全技术监察规程——工业管道》(TSG D0001—2009)
32	最近一次全面检验所发现的管道超标缺陷，未制定修复方案。对不易修复的严重缺陷，也未采用安全评定的方法，确认缺陷是否影响管道安全运行到下一个全面检验周期。	《压力管道安全技术监察规程——工业管道》(TSG D0001—2009)
33	压力管道不满足"安全状况等级为3级的，一般不超过3年检验1次，在使用期间内，使用单位应当对管道采取有效的监控措施；安全状况等级为4级的，使用单位应当对管道缺陷进行处理，否则不得继续使用"的规定要求。	《压力管道定期检验规则——工业管道》(TSG D7005—2018)
34	输送极度危害、高度危害流体以及可燃流体的管道未进行泄漏试验。	《压力管道安全技术监察规程——工业管道》(TSG D0001—2009)
35	不满足"压力管道介质腐蚀速率不得超出允许值(均匀腐蚀速率不大于0.3mm/y)"的要求。	《高硫原油加工装置设备和管道设计选材导则》(SH/T 3096—2012)
36	压力管道支吊架严重变形和开裂。压力容器、储罐支座或基础下沉、倾斜和开裂。	《压力管道定期检验规则——工业管道》(TSG D7005—2018)，《固定式压力容器安全技术监察规程》行业标准第1号修改单(SG 21—2016/XG1—2020)；《常压立式圆筒形钢制焊接储罐维护检修规程》(SHS 01012—2019)
37	压力容器、压力管道、储罐外表面严重锈蚀和绝热层严重破损。	《压力管道定期检验规则——工业管道》(TSG D7005—2018)；《固定式压力容器安全技术监察规程》行业标准第1号修改单(SG 21—2016/XG1—2020)
38	对有应力腐蚀倾向的储存容器未注明腐蚀介质的限定含量。	《固定式压力容器安全技术监察规程》行业标准第1号修改单(SG 21—2016/XG1—2020)
39	关键设备未及时消除静设备密封件、动设备易损件的安全隐患。	《关于加强化工过程安全管理的指导意见》(安监总管三〔2013〕88号)
40	关键设备未定期检查压力管道阀门、螺栓等附件的安全状态，及早发现和消除设备缺陷。	《关于加强化工过程安全管理的指导意见》(安监总管三〔2013〕88号)

续表

序号	风险描述	主要依据
41	储罐成组布置，不符合下列规定： 1. 在同一罐组内，宜布置火灾危险性类别相同或相近的储罐；当单罐容积小于或等于 $1000m^3$ 时，火灾危险性类别不同的储罐也可同组布置； 2. 沸溢性液体的储罐不应与非沸溢性液体储罐同组布置； 3. 可燃液体的低压储罐可与常压储罐同组布置； 4. 轻、重污油储罐宜同组独立布置。	《石油化工企业设计防火标准（2018 年版）》（GB 50160—2008）第 6. 2. 5 条
42	外浮顶储罐在雷雨季节未定期检查二次密封上的导电片与罐壁的压接情况，以确保导电片与罐壁接触良好。	《中国石化大型浮顶储罐安全设计、施工、运行管理规定》第 10. 2. 2. 6 条
43	外浮顶储罐雷雨季节，未定期检查浮顶排水系统和泡沫堰板底部排水孔是否畅通，及时清除浮顶的杂物。	《中国石化大型浮顶储罐安全设计、施工、运行管理规定》第 10. 2. 2. 4 条
44	外浮顶储罐未定期检查罐顶操作平台，以确保取样口平时处于密闭状态，不遗留原油和其他油抹布等杂物。	《中国石化大型浮顶储罐安全设计、施工、运行管理规定》第 10. 2. 2. 1 条
45	外浮顶储罐未定期检查浮顶上浮舱和浮顶密封装置内是否有积油，并及时清理。	《中国石化大型浮顶储罐安全设计、施工、运行管理规定》第 10. 2. 2. 2 条
46	外浮顶储罐未定期检查浮顶密封装置的密封状况，如有异常情况及时处理。	《中国石化大型浮顶储罐安全设计、施工、运行管理规定》第 10. 2. 2. 4 条
47	外浮顶储罐在浮顶外边缘板与罐壁之间的环形密封间距偏差为±100mm 的条件下，一次密封和二次密封的密封件未保持与罐壁良好接触。	《中国石化大型浮顶储罐安全设计、施工、运行管理规定》第 4. 1. 3 条
48	储罐一次密封的橡胶包带、橡胶充液管应符合现行化工行业标准《浮顶油罐软密封装置橡胶密封带》HG/T 2809—2009 要求，除具有良好的耐油性能外，还应满足强度、耐老化等要求。	《浮顶油罐软密封装置橡胶密封带》HG/T 2809—2009
49	外浮顶储罐一次密封和二次密封所用紧固件、二次密封的压条等材料未采用不锈钢材质。	《中国石化大型浮顶储罐安全设计、施工、运行管理规定》第 4. 1. 7 条
50	不符合“内浮顶罐应设置量油孔、人孔、排污孔（或清扫孔）和放水管，轻质油品储罐宜设置排污孔”的要求。	中国石油《轻质油品储罐技术导则》第 3. 4. 1 条
51	不符合“浮顶上应装设自动通气阀，其数量和流通面积应按收发油时的最大流量确定。当浮顶处于支撑状态时，通气阀应能自动开启；当浮顶处于漂浮状态时，通气阀应能自动关闭，且密封良好”的要求。	中国石油《轻质油品储罐技术导则》第 3. 4. 2 条
52	不符合“固定顶罐宜设置通气管、量油孔、透光孔、人孔、排污孔（或清扫孔）和放水管。对于采用气体密封的固定顶罐，还应设置事故泄压设备”的要求。	中国石油《轻质油品储罐技术导则》第 3. 4. 4 条

续表

序号	风险描述	主要依据
53	下列储罐通向大气的通气管或呼吸阀上未安装阻火器： 1. 储存甲 B、乙、丙 A 类液体的固定顶储罐和地上卧式储罐； 2. 采取氮气或其他惰性气体密封保护系统的储罐； 3. 内浮顶储罐罐顶中央通气管。	中国石油《轻质油品储罐技术导则》(2016 年 11 月修订版) 第 4.4.4 条款
54	当建罐地区历年最冷月份平均温度的平均值低于或等于0℃时，呼吸阀及阻火器未有防冻凝措施。在环境温度下物料有结晶可能时，呼吸阀及阻火器未有防结晶措施。	中国石油《轻质油品储罐技术导则》第 3.4.6 条
55	不符合“储罐宜设置罐下采样器，有毒介质应设置密闭罐下采样器，有氮封的储罐应设置罐下采样器。罐下部采样器宜安装在靠近放水管的位置”的要求。	中国石油《轻质油品储罐技术导则》第 3.4.8 条
56	储罐的主要进出口管道，未采用挠性连接或弹性连接方式，并不满足地基沉降和抗震要求。	中国石油《轻质油品储罐技术导则》第 3.4.10 条
57	储存沸点不低于 45℃或在 37.8℃时的饱和蒸气压不大于 88kPa 的甲 B、乙 A 液体化工品和轻石脑油，应采用外浮顶储罐或内浮顶储罐，但未采取下列措施之一： 1. 应设置氮气密封保护系统，并应密闭回收处理罐内排出的气体； 2. 应设置氮气密封保护系统，并应控制储存温度低于液体闪点 5℃及以下。	《石油库设计规范》(GB 50074—2014) 第 6.1.3 条
58	不符合“储存甲 B 油品卧式储罐的单罐容量不应大于 $100m^3$，储存乙 A 油品卧式储罐的单罐容量不应大于 $200m^3$”的要求。	《石油库设计规范》(GB 50074—2014) 第 6.1.4 条
59	内浮顶储罐的内浮顶选用，不符合下列规定： 1. 内浮顶应采用金属内浮顶，且不得采用浅盘式或敞口隔舱式内浮顶； 2. 储存Ⅰ、Ⅱ级毒性液体的内浮顶储罐和直径大于 40m 的储存甲 B、乙 A 液体的内浮顶储罐，不得采用易熔材料制作的内浮顶； 3. 直径大于 48m 的内浮顶储罐，应选用钢制单盘式或双盘式内浮顶； 4. 新结构内浮顶的采用应通过安全性评估。	《石油库设计规范》(GB 50074—2014) 第 6.1.7 条

续表

序号	风险描述	主要依据
60	不符合“固定顶储罐的直径不应大于48m”的要求。	《石油库设计规范》(GB 50074—2014)第6.1.9条
61	不符合“管道在跨越铁路、道路上方的管段上不得装设阀门、法兰、螺纹接头、波纹管及带有填料的补偿器等可能出现渗漏的组成件”的要求。	《石油库设计规范》(GB 50074—2014)第9.1.6条
62	采用氮气密封保护系统的储罐未设置事故泄压设备，或不能确保氮封系统完好在用。	《关于进一步加强化学品罐区安全管理的通知》(安监总管三〔2014〕68号)第二条(四)；《石油库设计规范》(GB 50074—2014)第6.4.6条
63	内浮顶密封要求，不满足如下要求： 1. 宜选用软填料密封(软泡沫塑料外包不漏液的环向橡胶包袋)； 2. 软填料密封的橡胶包袋所用材料，应根据储存介质的特性和储存温度进行选择，其性能应不低于HG/T 2809—2009《浮顶油罐软密封装置橡胶密封带》的要求；并要求橡胶阻燃防火，即阻燃氧指数≥30%、表面电阻≤$1\times10^{6}\Omega$； 3. 支柱、导向装置等穿过浮顶时，应加设密封。	中国石油《轻质油品储罐技术导则》第3.3.6条
64	油罐罐壁外表面、罐壁内表面上下各2m高度、浮顶内外表面及油罐金属结构未采用涂料防腐保护。	《石油储备库设计规范》(GB 50737—2011)第7.6.1条
65	油罐底板上表面未采用涂层和牺牲阳极联合防护。	《石油储备库设计规范》(GB 50737—2011)第7.6.2条
66	不符合“储罐的气体放空管管径不应小于安全阀的入口直径，并应安装在罐体顶部。当罐体顶部设有人孔时，气体放空接合管可设置在人孔盖上”的要求。	《石油化工储运系统罐区设计规范》(SH/T 3007—2014)第6.2.3条
67	内浮顶储罐的罐顶中央通气孔未加装阻火器。	《立式圆筒形钢制焊接储罐安全技术规范》(AQ 3053—2015)第8.1.7条
68	储罐防腐单位未持有中国防腐蚀资质证书，同时也不具有中国防腐蚀安全证书。	《立式圆筒形钢制焊接储罐安全技术规范》(AQ 3053—2015)第9.5条

第四节　仪表安全风险管控

一、重点风险提示

油库仪表自动控制系统，从工艺参数的测量及信号转换、信号处理及反馈，到执行组件的调节，任何一个环节出现故障，都可能引起工艺指标的失控，例如：

1）控制系统失灵，保护拒动、误动会使设备运行失控。

2）自动控制系统的电缆较为密集，电缆故障可使控制系统失灵。

3）雷击过电压将会把系统的控制电缆、设备击穿，造成系统瘫痪。

4）强烈的电磁干扰有可能引起系统的显示器出现故障。

5）调节阀气动执行机构的气流管路积水结冰引起气动元件损坏和执行机构误动。

6）若通信不好，各岗位之间通信故障，可能会影响生产运行。

另外，仪表控制系统若断电、故障、误动作，可能造成监控、控制系统故障，无法正确测量温度、压力、液位、计量、完成输送等，可能发生生产异常、失控，造成泄漏事故。若自控系统不间断电源出现故障，在停电时不起作用，所有仪表因断电无法控制，可导致事故发生。

二、重点检查内容提示

1）检查 BPCS（基本过程控制系统）、SIS（安全仪表系统）、GDS（可燃气体和有毒气体检测系统）的设置和自动控制系统（PLC）、数据采集与监视控制系统（SCADA）、集散控制系统（DCS）和自控投用情况。

2）检查 BPCS、SIS、GDS 等系统硬件、软件的完好情况；GDS 系统的覆盖情况。

3）检查 BPCS、SIS、GDS 系统的管理情况。

4）检查 BPCS 与 SIS 系统在关键部分的共用情况。

5）涉及重点监管危险化学品和重大危险源的油库应开展 SIL（安全完整性等级）评估，确定安全联锁的 SIL 等级，编制安全要求规格书，并评估联锁回路 SIL 等级的符合性，提出相应升级改造要求。对于已经完成 SIL 评估的油库，可只评估该项工作的完善性，并评估相关安全建议的落实情况。

6）排查储罐附属仪表设置及选型的符合性、合理性。

7）排查报警（含工艺设备报警及 GDS 报警）的设置情况。

8）排查涉及《危险化学品重大危险源监督管理暂行规定》（国家安全生产监督管理总局令第 79 号）中规定的重点设施的紧急切断装置和独立安全仪表系统的符规情况。

9）排查可燃气体和有毒气体检测报警系统的设置和运行情况。

10）涉及重点监管危险化学品和重大危险源相关设施的可燃气体和有毒气体泄漏检测报警装置、紧急切断装置、自动化系统装备和使用率是否达到 100%。

11）排查过程控制系统与安全仪表系统全生命周期中操作与维护及管理情况。

三、仪表安全风险清单

仪表安全风险清单见表 3-4。

表 3-4 仪表安全风险清单

序号	检查内容	检查依据
1	涉及重点监管危险化学品和重大危险源的油库未开展 SIL 评估，未确定安全联锁的 SIL 等级及编制安全要求规格书，并未评估联锁回路 SIL 等级的符合性，提出相应升级改造要求。	《关于加强化工安全仪表系统管理的指导意见》（安监总管三〔2014〕116 号）第四条、第十三条、第十四条
2	对重大危险源中的毒性气体和易燃气体等重点设施，未设置紧急切断装置；涉及毒性气体、液化气体、剧毒液体的一级或者二级重大危险源，未配备独立的安全仪表系统（SIS）。	《危险化学品重大危险源监督管理暂行规定》（国家安全监管总局令第 79 号）第十三条（三）
3	不符合“安全仪表系统应设计为故障安全型。当安全仪表系统内部产生故障时安全仪表系统应能按设计预定方式，将过程转入安全状态”的规定。	《危险化学品重大危险源企业专项检查督导指南》
4	到 2022 年底前，涉及“两重点一重大”生产装置和储存设施的自动化系统装备投用率达到 100%、涉及重大危险源企业安全预防控制体系建设率达到 100%、化工企业主要负责人和安全管理人员等考核达标率 100%。	国务院安全生产委员会关于印发《全国安全生产专项整治三年行动计划》的通知（安委〔2022〕3 号文件）附件 3：《危险化学品安全专项整治三年行动实施方案》（二）提高危险化学品企业本质安全水平
5	可燃气体和有毒气体检测报警系统未独立于其他系统设置。	《石油化工可燃气体和有毒气体检测报警设计标准》（GB/T 50493—2019）第 3.0.8 条

续表

序号	检查内容	检查依据
6	不符合“同级别的有毒和可燃气体同时报警时，有毒气体报警的级别应优先”的要求。	《石油化工可燃气体和有毒气体检测报警设计标准》(GB/T 50493—2019)第3.0.2条
7	可燃气体和有毒气体检测报警器的设置与报警值的设置不满足GB/T 50493和SY 6503要求。	《石油化工可燃气体和有毒气体检测报警设计标准》(GB/T 50493—2019)；《石油天然气工程可燃气体检测报警系统安全规范》(SY 6503—2022)
8	可燃气体和有毒气体的检测系统未采用两级报警。	《石油化工可燃气体和有毒气体检测报警设计标准》(GB/T 50493—2019)第3.0.2条
9	控制室、机柜间的空调新鲜风引风口等处可燃气体和有毒气体有可能进入建筑物的地方，未设置可燃气体和(或)有毒气体探测器。	《石油化工可燃气体和有毒气体检测报警设计标准》(GB/T 50493—2019)第4.4.3条
10	仪表气源不符合下列要求： 1. 采用清洁、干燥的空气。 2. 应设置备用气源。备用气源可采用备用压缩机组、贮气罐或第二气源(也可用干燥的氮气)。 3. 仪表供气管网压力低应报警，压力超低宜联锁。	《危险化学品企业安全风险隐患排查治理导则》(应急〔2019〕78号)6仪表安全风险隐患排查表(三)仪表系统设置第2条；《仪表供气设计规范》(HG/T 20510—2014)第4.3.1条
11	爆炸危险场所的仪表、仪表线路的防爆等级不满足区域的防爆要求。	《危险化学品企业安全风险隐患排查治理导则》(应急〔2019〕78号)6仪表安全风险隐患排查表(三)仪表系统设置第4条
12	不满足“重大危险源配备的温度、压力、液位、流量、组分等信息应不间断采集和监测，可燃气体和有毒有害气体泄漏检测报警装置具备信息远传、连续记录、事故预警、信息存储等功能。记录的电子数据的保存时间不少于30天”的规定要求。	《危险化学品重大危险源监督管理暂行规定》(国家安全监管总局令第79号)第十三条(一)
13	摄像机的设置个数和位置，应根据现场的实际情况而定，摄像机应有效监视下列场所：1. 压缩机、机泵、炉区等对生产操作和安全影响重大的重要设备及区域；2. 易发生易燃易爆有毒有害气体、液体泄漏和火灾的部位；3. 储罐顶部和储罐底部阀组区；4. 重要巡检修通道、厂区及装置区进出通道、人员集中场所。	《危险化学品重大危险源安全监控技术规范》(GB 17681—2024)第6.5条

续表

序号	检查内容	检查依据
14	摄像机安装应考虑下列条件：1. 应安装在有利于观察主要目标且对周边观察遮挡最小的位置；2. 光学摄像机应避免强光直射镜头；3. 热成像摄像机的摄像区应避开高温干扰影响。	《危险化学品重大危险源安全监控技术规范》(GB 17681—2024)第6.5条
15	不符合“轻质油品储罐的液位计宜选用控制级雷达液位计或伺服液位计。氮气密封的储罐宜设置2个不同形式的液位检测仪表，有必须人工检尺要求的储罐在检尺口处宜设置蒸汽闭锁阀”的要求。	中国石油《轻质油品储罐技术导则》第3.5.2条
16	自动控制系统中设高、低液位报警不符合下列规定： 1. 储罐高液位报警的设定高度，不应高于储罐的设计储存高液位； 2. 储罐低液位报警的设定高度，不应低于储罐的设计储存低液位。	《石油化工储运系统罐区设计规范》(SH/T 3007—2014)第5.4.2条
17	不符合“储罐物料进出口管道靠近罐体处应设一个总切断阀。对大型储罐(公称直径大于或等于30m或公称容积大于或等于10000m^3的储罐)，应采用带气动型、液压型或电动型执行机构的阀门。当执行机构为电动型时，其电源电缆、信号电缆和电动执行机构应作防火保护。切断阀应具有自动关闭和手动关闭功能，手动关闭包括遥控手动关闭和现场手动关闭”的要求。	《立式圆筒形钢制焊接储罐安全技术规范》(AQ 3053—2015)第6.13条
18	容量大于100m^3的储罐应设液位测量远传仪表，但不符合下列规定： 1. 液位连续测量信号应采用模拟信号或通信方式接入自动控制系统； 2. 应在自动控制系统中设高、低液位报警装置； 3. 储罐高液位报警的设定高度应符合《石油化工储运系统罐区设计规范》SH/T 3007—2014的有关规定； 4. 储罐低液位报警的设定高度应满足泵不发生汽蚀的要求。外浮顶储罐的低液位报警设定高度(距罐底板)宜高于浮顶落底高度0.2m及以上。	《石油库设计规范》(GB 50074—2014)第15.1.1条
19	年周转次数大于6次且容量大于或等于10000m^3的甲B、乙类液体储罐和年周转次数小于或等于6次且容量大于20000m^3的甲B、乙类液体储罐；不符合“高高液位报警及联锁，高高液位报警应能同时联锁关闭储罐进口管道控制阀”的要求。	《石油库设计规范》(GB 50074—2014)第15.1.2条

续表

序号	检查内容	检查依据
20	容量大于或等于 50000m^3 的外浮顶储罐未设置低低液位报警，或低低液位报警设定高度(距罐底板)低于浮顶落底高度，低低液位报警不能同时联锁停泵。	《石油库设计规范》(GB 50074—2014)第 15.1.3 条
21	成品油储罐高高液位报警的设定高度，不符合“应为正常生产时能够达到的最高液位，即高液位报警设定值加上 10~15min 储罐最大进液量的折算高度”的要求。	中国石油《轻质油品储罐技术导则》第 3.5.1 条
22	低低液位报警的设定高度，不符合“固定顶罐应为进油线顶部高度+610mm 和进油线管径的 2 倍中的较小值；浮顶罐、内浮顶罐为浮船支撑高度+200mm(确保浮盘通气孔闭合)；低压储罐应满足从报警开始 10~15min 内泵不会抽空”的要求。	中国石油《轻质油品储罐技术导则》(2016 年 11 月修订版)第 3.5.1~3 条款
23	用于储罐高高、低低液位报警信号的液位测量仪表未采用单独的液位连续测量仪表或液位开关，并在自动控制系统中未设置报警及联锁。	《石油库设计规范》(GB 50074—2014)第 15.1.4 条
24	一级石油库的重要工艺机泵、消防泵、储罐搅拌器等电动设备和控制阀门除应能在控制室进行控制和显示状态外，存在不能在现场操作的问题。	《石油库设计规范》(GB 50074—2014)第 15.1.7 条
25	一级石油库油品输送泵出口管道压力测量仪表能将压力测量信号远传至控制室，但压力测量仪表不能就地显示。	《石油库设计规范》(GB 50074—2014)第 15.1.8 条
26	一级石油库消防泵的启停、消防水管道及泡沫液管道上控制阀的开关不能在消防控制室实现远程启停控制，总控制台不能显示泵运行状态和控制阀的阀位信号。	《石油库设计规范》(GB 50074—2014)第 15.1.11 条
27	自动控制系统的室外仪表电缆敷设，不符合下列规定： 1. 在生产区敷设的仪表电缆宜采用电缆沟、电缆保护管、直埋等地下敷设方式。采用电缆沟敷设方式时，电缆沟应充沙填实。 2. 生产区局部地段确需在地面敷设电缆的，应采用镀锌钢保护管或带盖板的全封闭金属电缆槽等方式敷设。	《石油库设计规范》(GB 50074—2014)第 15.1.13 条
28	油罐不满足“应设多点平均温度测量仪表并应将温度测量信号远传到控制室”的要求。	《石油储备库设计规范》(GB 50737—2011)第 11.1.3 条

续表

序号	检查内容	检查依据
29	不满足“油库区电动设备(如机泵、油罐搅拌器、电动阀等)的开关除应能在现场操外，也应能在控制室进行控制和显示状态”的要求。	《石油储备库设计规范》(GB 50737—2011)第11.1.4条
30	不满足“输油泵进出口管道应设压力测量仪表，压力测量仪表应能就地显示，并应将压力测量信号远传到控制室”的要求。	《石油储备库设计规范》(GB 50737—2011)第11.1.5条
31	不满足“压力储罐液位测量应设一套远传仪表和一套就地指示仪表，就地指示仪表不应选用玻璃板液位计”的要求。	《石油化工储运系统罐区设计规范》(SH/T 3007—2014)第6.3.2条
32	不满足“储罐液位测量远传仪表应设高、低液位报警，高液位报警的设定高度应为储罐的设计储存高液位；低液位报警的设定高度，应满足从报警开始10~15min内泵不会汽蚀”的规定要求。	《石油化工储运系统罐区设计规范》(SH/T 3007—2014)第6.3.3条
33	库区未设置基本过程控制系统(如DCS、PLC、SCADA数据采集与监视控制系统等)。	《危险化学品重大危险源企业专项检查督导指南》；《关于公布首批重点监管的危险化工工艺目录的通知》(安监总管三〔2009〕116号)；《关于公布第二批重点监管危险化工工艺目录和调整首批重点监管危险化工工艺中部分典型工艺的通知》(安监总管三〔2013〕3号)
34	库区自动化系统(过程控制系统、安全仪表系统及GDS系统等)未全部投用；安全仪表功能回路投用率未达到100%。若未投用，未有严格的审批程序，并采取等效的安全措施。	《危险化学品重大危险源企业专项检查督导指南》
35	涉及“两重点一重大”库区未根据其SIL评估结论，确定是否设置独立安全仪表系统。	《关于加强化工安全仪表系统管理的指导意见》(安监总管三〔2014〕116号)；《精细化工企业工程设防火标准》(GB 51283—2020)
36	可燃气体和有毒气体探测器的设置和报警值的设置不满足《石油化工可燃气体和有毒气体检测报警设计标准》(GB/T 50493—2019)要求，现场部分检测报警器未处于正常投用状态。	《石油化工可燃气体和有毒气体检测报警设计标准》(GB/T 50493—2019)；《危险化学品重大危险源企业专项检查督导指南》

续表

序号	检查内容	检查依据
37	可燃气体和有毒气体检测报警系统管理不满足如下要求： 1. 可燃气体和有毒气体检测报警系统应独立于其他系统设置； 2. 检测报警信号应发送至操作人员常驻的控制室、现场操作室进行报警，设置一级及两级报警，并有报警与出警记录，对报警原因进行分析； 3. 绘制可燃、有毒气体检测报警器检测点布置图； 4. 可燃、有毒气体检测报警器按规定周期进行检定或校准，周期一般不超过1年。	《石油化工可燃气体和有毒气体检测报警设计标准》(GB/T 50493—2019)；《危险化学品重大危险源企业专项检查督导指南》
38	在SIS安全生命周期阶段，未编制SIS配置管理规程。	《过程工业领域安全仪表系统的功能安全》(GB/T 21109.1—2022第1部分：框架、定义、系统、硬件和应用编程要求)第5.2.7.1条
39	储罐大检修后投运前，未进行安全联锁系统(SIS)投用前测试，或未保存测试记录。	《过程工业领域安全仪表系统的功能安全》(GB/T 21109—2007)
40	涉及“两重点一重大”化工装置未开展SIL评估，或未确定安全联锁的SIL等级，或未评估联锁回路SIL等级符合性，并提出相应升级改造要求。	国家应急管理部办公厅关于开展危险化学品重大危险源企业2021年第二次安全专项检查督导工作的通知(应急厅函〔2021〕210号)附件：危险化学品重大危险源企业安全专项检查督导工作指南(试行)
41	SIS安装和调试不符合如下要求：形成适当的SIS调试记录，说明调试活动的结果以及是否满足设计阶段确定的目标和准则。如果出现失效，应记录失效的原因。	《过程工业领域安全仪表系统的功能安全》(GB/T 21109.1—2022第1部分：框架、定义、系统、硬件和应用编程要求)第14.2.4条
42	在对SIS进行任何修改之前，未建立授权和控制变更的规程，规程应包括明确的方法来识别和请求所要做的工作以及可能受到影响的危险。	《过程工业领域安全仪表系统的功能安全》(GB/T 21109.1—2022第1部分：框架、定义、系统、硬件和应用编程要求)第17.2.1条和第17.2.3条
43	用于安全保护功能测量的一次取源阀未独立设置；不符合“在存在腐蚀、结晶等易堵塞工艺测量环境下，SIS系统的压力联锁变送器与过程控制系统的压力控制变送器、现场压力表不得共用取源口、根部阀和引压管”的规定。	《固定式压力容器安全技术监察规程》(TSG 21—2016)

续表

序号	检查内容	检查依据
44	SIS 未具备 SOE（联锁动作原因追溯）功能，或未具有实时报警功能。或 BPCS、SIS、CCS（协助控制系统）、GDS、PLC 等系统未具备时钟同步功能，或未统一采用 DCS 时间。	《过程工业领域安全仪表系统的功能安全》（GB/T 21109—2007）；《石油化工分散控制系统设计规范》（SH/T 3092—2013）
45	仪表电源容量不满足“应按照测量和控制仪表的耗电量总和的 1.2~1.5 倍计算”的要求。	《供配电系统设计规范》（GB 50052—2009）第 4.3.1 条
46	不间断电源质量不满足“电源瞬间断电时间应小于用电设备的允许电源瞬断时间”的要求。	《供配电系统设计规范》（GB 50052—2009）第 4.2.3 条
47	直流 UPS 电源的技术指标不满足如下要求： 1. 后备电池的供电时间：不小于 30min； 2. 直流 UPS 应能满足直流稳压电源的全部性能指标； 3. 具备状态检测和自诊断功能； 4. 具有状态报警及过流保护功能。	《供配电系统设计规范》（GB 50052—2009）第 7.2.5 条
48	接地导线截面积的选择不符合《仪表系统接地设计规范》HG/T 20513—2014 的相关规定。	《供配电系统设计规范》（GB 50052—2009）第 9.2.2 条
49	下列用电仪表及自控设备未做接地保护： 1. 仪表盘、仪表操作台、仪表柜、仪表箱； 2. 仪表控制系统机柜和操作站； 3. 计算机系统机柜和操作站； 4. 供电盘、供电箱、用电仪表外壳、电缆桥架、保护管、接线箱和铠装电缆的铠装保护层。	《仪表系统接地设计规范》（HG/T 20513—2014）第 3.1.1 条
50	仪表工作接地包括信号回路和屏蔽接地，屏蔽接地不满足“电缆屏蔽层、仪表上的屏蔽接地端子均应做屏蔽接地”的要求。	《仪表系统接地设计规范》（HG/T 20513—2014）第 3.2.3 条
51	仪表接地系统的导线未采用多股绞合铜芯绝缘电线或电缆。	《仪表系统接地设计规范》（HG/T 20513—2014）第 6.1.1 条
52	仪表测量管道的敷设未避开高温、工艺介质排放口、易受机械损伤、腐蚀、震动等场所，未架空敷设和固定牢固。	《石油化工仪表管道线路设计规范》（SH/T 3019—2016）第 4.3.1 条和第 3 条
53	现场控制室未根据管理模式、控制系统规模、功能要求等设置功能房间和辅助房间。功能房间包括操作室、机柜间、不间断电源装置（UPS）室、空调室、仪表工程师室等；辅助房间包括更衣室、卫生间等。	《控制室设计规范》（HG/T 20508—2014）第 3.3.1 条
54	现场控制室设置的应急照明系统，在正常供电中断时，不能可靠供电 20~30min。	《控制室设计规范》（HG/T 20508—2014）第 3.5.6 条

续表

序号	检查内容	检查依据
55	分析小屋内引入的样品中含有易燃易爆、有毒介质时，屋内未设置可燃气体或有毒气体检测报警。	《石油化工在线分析系统设计规范》(SH/T 3174—2013)第4.5条
56	在线分析仪系统用载气钢瓶，校准气钢瓶未设置在分析小屋外或设置之外未设防护栏。	《石油化工在线分析系统设计规范》(SH/T 3174—2013)第7.1.8条
57	储罐区的电视监控系统不能保证24小时有人负责监视，尤其是雷雨季节。或有故障不能及时维修。电视监控记录不能满足“应至少保存1周”的要求。	《中国石化大型浮顶储罐安全设计、施工、运行管理规定》第10.2.3.1~4条
58	火灾自动报警系统不能满足“每月应试验1次，雷雨季节每2周试验1次”的要求。发现自动报警系统不能正常运行，不能及时整改，难以确保火灾报警的准确、及时和有效。	《中国石化大型浮顶储罐安全设计、施工、运行管理规定》第10.2.4条
59	库区雷电预警系统未可靠投用。	国家应急管理部规定要求

第五节　电气安全风险管控

一、重点风险提示

1）电气设备、线路本身存在火灾的危险，原因有以下几个方面：

① 电气设备、线路负荷过载，此时发热量往往大大超过允许限度，轻则加速绝缘层老化，重则会使可燃绝缘层燃烧而引起火灾。

② 电气设备、线路短路，造成电气回路中电流突然增大，在短路处可产生高达700℃的火花，甚至产生6000℃以上的电弧，使金属导线熔化和绝缘材料燃烧。

③ 电气设备、线路接头不良，接触电阻过大，当电流通过时会产生很大的热量，使绝缘层损坏、燃烧，使金属导线变色甚至熔化。

④ 电气设备、线路质量差，选型、安装不当；电气设备、线路散热不良、过热或高温烘烤；电气设备绝缘老化、损坏等，均可引发电气火灾。

⑤ 电气设备、线路发生火灾或电气设备产生的电火花或电弧均有可能引起附近的油品着火，引发火灾事故。

2）雷击能破坏建筑物和设备，并可能导致火灾区爆炸事故的发生，雷电危害可归纳为三类：电性质的破坏、热性质的破坏、设备设施的破坏。雷雨季节，若高大建(构)筑物、高大设备等避雷设施或接地设施维护不当，一旦被直击雷击中或发生感应雷击，就可能导致设备管线破裂进而引起火灾爆炸。对于电气设施，如果接地不良、布线错误，各供电线路、电源线、信号线、通信线、馈线未安装相应的避雷器或未采取屏蔽措施，将有可能遭受感应雷击，造成电力、电气系统损害，或能引发变压器发生火灾，导致突发停电事故。

3）直埋式地下电缆深度在冻土层以上、没有填埋细砂层进行保护，会受到冻土和鼠咬的破坏，造成停电。

二、重点检查内容提示

1）检查评估油库内部爆炸危险区域划分符合性；

2）检查油库不同用电负荷等级的电源可靠性；

3）检查油库爆炸危险区域内固定和临时用电设备选型和安装的符合性；

4）检查油库重点用电设备(电驱动切断阀、电驱动开关阀等)在事故情况下电缆保护的可靠性；

5）检查油库设备设施、管道的防雷防静电设施及接地可靠性；

6）检查电气设备、线路检查、维护的可靠性。

三、电气安全风险清单

电气安全风险清单见表 3-5。

表 3-5 电气安全风险清单

序号	主要风险	主要依据
1	在电气设备上检修工作，未落实“停电、验电、装设接地线、悬挂标示牌和装设遮拦(围栏)”等保证安全的技术措施。	《电力安全工作规程 发电厂和变电站电气部分》(GB 26860—2011)第 6.1.1 条
2	在电气设备上检修工作，未保证安全的技术措施由电气运行人员或由操作资格的人员执行。	《电力安全工作规程 发电厂和变电站电气部分》(GB 26860—2011)第 6.1.2 条
3	配电室不具有与实际运行方式相符的一次系统模拟图板或接线图。	《电力安全工作规程 发电厂和变电站电气部分》(GB 26860—2011)第 7.3.5.1 条
4	电气设备未设有明显的标志，包括设备命名、设备编号、设备色相等。	《电力安全工作规程 发电厂和变电站电气部分》(GB 26860—2011)第 7.3.5.2 条

续表

序号	主要风险	主要依据
5	在同一电气连接部分，在许可高压试验前，未将其他检修工作暂停，不满足“试验完成前不应许可其他工作”的要求。	《电力安全工作规程 发电厂和变电站电气部分》（GB 26860—2011）第14.2.1条
6	自备柴油发动机组三相四线制供电系统的接地未纳入施工现场的接地系统，接地电阻值不符合JGJ/T 46—2024相关要求。	《建筑与市政工程施工现场临时用电安全技术标准》（JGJ/T 46—2024）第5.2.4条
7	电动建筑机械和手持式电动工具的三相四线制配电的临时用电电缆线路未采用五芯电缆。	《建筑与市政工程施工现场临时用电安全技术标准》（JGJ/T 46—2024）第7.1.4条
8	现场配电箱、开关箱不满足如下要求： 1. 应上锁，并应由专人负责管理。 2. 应定期检查，维修人员应是专业电工，并应做检查、维修工作记录。	《建筑与市政工程施工现场临时用电安全技术标准》（JGJ/T 46—2024）第4.3.2条、第4.3.3条
9	自动化控制系统未设置不间断电源。	《化工和危险化学品生产经营单位重大生产安全事故隐患判定标准（试行）》（安监总管三〔2017〕121号）第十四条
10	供电负荷等级不满足如下要求： 1. 一级负荷应由双重电源供电，当一电源发生故障时，另一电源不应同时受到损坏； 2. 一级负荷中特别重要的负荷供电，除由双重电源供电外，尚应增设应急电源，并严禁将其他负荷接入应急供电系统；设备的供电电源的切换时间，应满足设备允许中断供电的要求； 3. 二级负荷的供电系统，宜由两回线路供电。在负荷较小或地区供电条件困难时，二级负荷可由一回6kV及以上专用的架空线路供电。	《供配电系统设计规范》（GB 50052—2009）第3.2条、第3.3条、第3.7条
11	装有2台及以上变压器的变电所，当任意1台变压器断开时，其余变压器的容量存在不能满足全部一级负荷及二级负荷用电的要求。	《20kV及以下变电所设计规范》（GB 50053—2013）第3.3.2条
12	爆炸危险区域内的电气设备不符合GB 50058—2014防爆要求。	《爆炸危险环境电力装置设计规范》（GB 50058—2014）第5.2.3条和第5.3条

续表

序号	主要风险	主要依据
13	在油气罐区的爆炸危险区域内使用非防爆照明、电气设施、工器具和电子器材。	《油气罐区防火防爆十条规定》(安监总政法〔2017〕15号)
14	投入使用后的防雷装置未实行定期检测制度。或不符合“防雷装置应当每年检测1次，对爆炸和火灾危险环境场所的防雷装置应当每半年检测1次”的要求。	《中华人民共和国防雷减灾管理办法》(中国气象局令第24号)第十九条
15	变电所、配电所不符合“位于室外地坪以下的电缆夹层、电缆沟和电缆室应采取防水、排水措施；位于室外地坪下的电缆进、出口和电缆保护管也应采取防水措施”的要求。	《20kV及以下变电所设计规范》(GB 50053—2013)第6.2.9条
16	在爆炸危险环境的电气设备的金属外壳、金属构架、安装在已接地的金属结构上的设备、金属配线管及其配件、电缆保护管、电缆的金属护套等非带电的裸露金属部分未接地。	《电气装置安装工程爆炸和火灾危险环境电气装置施工及验收规范》(GB 50257—2014)第7.1.1条
17	引入爆炸危险环境的金属管道、配线的钢管、电缆的铠装及金属外壳，未在危险区域的进口处接地。	《电气装置安装工程爆炸和火灾危险环境电气装置施工及验收规范》(GB 50257—2014)第7.2.2条
18	电气装置的下列金属部分，均未接地： 1. 电气设备的金属底座、框架及外壳和传动装置； 2. 配电、控制、保护用的屏(柜、箱)及操作台的金属框架和底座； 3. 配电装置的金属遮栏； 4. 电力电缆的金属护层、接头盒、终端头和金属保护管及二次电缆的屏蔽层； 5. 电缆桥架、支架和井架； 6. 电热设备的金属外壳。	《电气装置安装工程接地装置施工及验收规范》(GB 50169—2016)第3.0.4条
19	电气装置的接地未单独与接地母线或接地网相连接，在1条接地线中存在串接2个及以上接地的电气装置的隐患。	《电气装置安装工程接地装置施工及验收规范》(GB 50169—2016)第4.2.9条
20	长距离管道没有在始端、末端、分支处以及每隔100m接地1次。	《石油化工静电接地设计规范》(SH/T 3097—2017)第5.3.2条
21	不符合“外浮顶储罐浮顶上取样口两侧1.5m之外应各设1组消除人体静电的装置，并应与罐体做电气连接。该消除人体静电的装置可兼做人工检尺时取样绳索、检测尺等工具的电气连接体”的规定要求。	《石油库设计规范》(GB 50074—2014)第14.3.3条

续表

序号	主要风险	主要依据
22	10kV及以下的变配电装置的变配电间与易燃液体泵房(棚)相毗邻时，不符合下列规定： 1. 隔墙应为不易燃材料建造的实体墙。与变配电间无关的管道，不得穿过隔墙。所有穿墙的孔洞，应用不易燃材料严密填实。 2. 变配电间的门窗应向外开，其门应设在泵房的爆炸危险区域以外。变配电间的窗宜设在泵房的爆炸危险区域以外；如窗设在爆炸危险区以内，应设密闭固定窗和警示标志。 3. 变配电间的地坪应高于油泵房室外地坪至少0.6m。	《石油库设计规范》(GB 50074—2014)第14.1.4条
23	库区敷设的电缆不符合"主要生产作业场所的配电电缆应采用铜芯电缆，并应采用直埋或电缆沟充砂敷设，局部地段确需在地面敷设的电缆应采用阻燃电缆"的规定要求。	《石油库设计规范》(GB 50074—2014)第14.1.5条
24	钢储罐未做防雷接地，或接地点少于2处。	《石油库设计规范》(GB 50074—2014)第14.2.1条
25	油库的低压配电系统接地型式未采用TN-S系统。	《石油库设计规范》(GB 50074—2014)第14.1.8条
26	一、二、三级油库的消防泵站和泡沫站不符合"应设应急照明，应急照明可采用蓄电池作为备用电源，其连续供电时间不应少于6h"的要求。	《石油库设计规范》(GB 50074—2014)第14.1.3条
27	储存易燃液体的储罐防雷设计，不符合下列规定： 1. 装有阻火器的地上卧式储罐的壁厚和地上固定顶钢储罐的顶板厚度大于或等于4mm时，不应装设接闪杆(网)；顶板厚度小于4mm的钢储罐，应装设接闪杆(网)，接闪杆(网)应保护整个储罐。 2. 外浮顶储罐不应装设接闪杆(网)，但应采用2根导线将浮顶与罐体做电气连接。外浮顶储罐的连接导线应选用截面积不小于50mm^{2}的扁平镀锡软铜复绞线或绝缘阻燃护套软铜复绞线。 3. 外浮顶储罐应利用浮顶排水管将罐体与浮顶做电气连接，每条排水管的跨接导线应采用1根横截面不小于50mm^{2}扁平镀锡软铜复绞线。 4. 外浮顶储罐的转动浮梯两侧，应分别与罐体和浮顶各做2处电气连接。	《石油库设计规范》(GB 50074—2014)第14.2.3条

续表

序号	主要风险	主要依据
28	储罐上安装的信号远传仪表，其金属外壳未与储罐体做电气连接。	《石油库设计规范》(GB 50074—2014)第 14. 2. 7 条
29	外浮顶储罐未按下列规定采取防静电措施： 1. 外浮顶储罐的自动通气阀、呼吸阀、阻火器和浮顶盘油口应与浮顶做电气连接； 2. 外浮顶储罐采用钢滑板式机械密封时，钢滑板与浮顶之间应做电气连接，沿圆周的间距不宜大于 3m； 3. 二次密封采用 I 型橡胶刮板时，每个导电片均应与浮顶做电气连接； 4. 电气连接的导线应选用横截面不小于 $10mm^2$ 镀锡软铜复绞线。	《石油库设计规范》(GB 50074—2014)第 14. 3. 3 条
30	成品油储罐的阻火器、呼吸阀、量油孔、人孔、切水管、透光孔等金属附件未等电位连接。	中国石油《轻质油品储罐技术导则》第 3. 7. 2 条
31	下列甲、乙和丙 A 类液体作业场所未在如下位置安装消除人体静电装置： 1. 泵房的门外； 2. 储罐的上罐扶梯入口处； 3. 装卸作业区内操作平台的扶梯入口处。	《石油库设计规范》(GB 50074—2014)第 14. 3. 14 条
32	成品油罐体防直击雷接地不符合如下要求： 1. 其接地点不应少于 2 处，并应沿罐体周边均匀或对称布置，引下线的间距不应大于 18m。 2. 接地体距罐壁的距离应大于 3m。引下线在距离地面 0. 3m 至 1. 0m 之间装设断接卡，断接卡及接地线宜采用 40mm×4mm 的热镀锌扁钢，用 2 个型号为 M12 的不锈钢螺栓加放松垫片连接，搭接长度应不小于扁钢宽度的 2 倍，断接卡的接触电阻值不得大于 0. 03Ω。 3. 每根引下线的冲击接地电阻不应大于 10Ω。	中国石油《轻质油品储罐技术导则》第 3. 7. 2 条
33	不符合“内浮顶上的所有金属件均应互相电气连通，并通过罐壁接地。静电导出线通过环形密封区与罐壁相连时，不得少于 4 组；静电导出线与固定顶相连时不得少于 2 组”的要求。	中国石油《轻质油品储罐技术导则》第 3. 3. 6 条
34	采用 6～10kV 供电的消防泵，当采用直流电源作为控制电源时，在直流电源装置内未设置浪涌保护器。	中国石油《轻质油品储罐技术导则》第 3. 6. 1 条

续表

序号	主要风险	主要依据
35	电气线路不满足“应敷设在爆炸危险性较小的区域或距离释放源较远的位置，避开易受机械损伤、振动、腐蚀、粉尘积聚以及有危险温度的场所。当不能避开时，应采取预防措施”的要求。	《危险场所电气防爆安全规范》(AQ 3009—2007)第6.1.1.1.1条
36	不符合“输油管路可用其自身作接闪器，其弯头、阀门、金属法兰盘等连接处的过渡电阻大于0.03Ω时，连接处应用金属线跨接，连接处应压接接线端子。对不少于5根螺栓连接的金属法兰盘，在非腐蚀环境下可不跨接，但应构成电气通路”要求。	中国石油《轻质油品储罐技术导则》第3.7.13条
37	不符合“管路系统的所有金属件，包括护套的金属包覆层应接地。管路两端和每隔200~300m处，以及分支处、拐弯处均应有接地装置。接地点宜在管墩处，其冲击接地电阻不得大于10Ω”的要求。	
38	不符合“带有阴极保护的埋地管道，其地上部分应设置防雷接地装置，阴极保护宜经隔离或去耦合器与管道连接。防雷接地装置的接地电阻应小于30Ω”的要求。	
39	危险场所设置电缆的通道、导管、管道或电缆沟，未采取预防措施防止可燃性气体、蒸气或液体从这一区域传播到另一区域，并且阻止电缆沟中可燃性气体、蒸气或液体的聚集。这些措施包括通道、导管或管道的密封。对于电缆沟，未采用充足的充砂措施。	《危险场所电气防爆安全规范》(AQ 3009—2007)第6.1.1.1.6条
40	危险和非危险场所之间墙壁上穿过电缆和导管的开孔未充分密封。	《危险场所电气防爆安全规范》(AQ 3009—2007)第6.1.1.1.9条
41	危险场所电缆在区域界面(隔墙、楼板、地坪)有保护管的，未在保护管两端用阻火堵料严密堵塞，填塞深度小于40mm。	《危险场所电气防爆安全规范》(AQ 3009—2007)第6.1.1.2.3条
42	电气设备的金属外壳、金属构架、金属配线管及其配件、电缆保护管、电缆的金属护套等非带电的裸露金属部分均未接地。	《危险场所电气防爆安全规范》(AQ 3009—2007)第6.1.1.4.1条
43	防爆电气设备的铭牌、防爆标志、警告牌等不正确、不清晰。	《危险场所电气防爆安全规范》(AQ 3009—2007)第6.1.2.1.2条
44	电气交流系统中三芯电缆的金属护层，未在电缆线路两终端接地；线路中有中间接头时，接头处未直接接地。	《电气装置安装工程接地装置施工及验收规范》(GB 50169—2016)第4.10.1条

续表

序号	主要风险	主要依据
45	有在电气二次系统保护回路上接取试验电源的隐患。	《电力安全工作规程 发电厂和变电站电气部分》(GB 26860—2011)第13.6条
46	继电保护、安全保护装置、自动化监测系统做一次设备通电试验时，未通知设备运行人员和其他相关人员。	《电力安全工作规程 发电厂和变电站电气部分》(GB 26860—2011)第13.8条
47	现场检维修动力电源箱的支路开工未加装剩余电流动作保护器(漏电保护器)，未执行定期检查和试验要求。	《电力安全工作规程 发电厂和变电站电气部分》(GB 26860—2011)第16.5条
48	储罐引下线在距离地面0.3m至1.0m之间未装设断接卡，或断接卡与引下线的连接不可靠。	《中国石化大型浮顶储罐安全设计、施工、运行管理规定》第3.2.2条
49	与罐体相接的电气、仪表配线未采用金属管屏蔽保护，或配线金属管上下两端与罐壁未做电气连接。	《中国石化大型浮顶储罐安全设计、施工、运行管理规定》第3.2.6条
50	储罐内壁如使用导静电防腐涂料，不满足涂层表面电阻率应为108~1011Ω的要求。	《中国石化大型浮顶储罐安全设计、施工、运行管理规定》第3.3.6条
51	防雷接地、防静电接地、电气设备的工作接地、保护接地、信息系统接地等应共用接地网，实测的工频接地电阻大于4Ω。	《中国石化大型浮顶储罐安全设计、施工、运行管理规定》第3.3.8条
52	储罐防雷、防静电接地装置管理不符合如下要求： 1. 应每年至少进行1次接地电阻的测试，并做好测试记录； 2. 在雷雨季节前，应对防雷、防静电设施进行全面检查，发现问题要及时解决。	《立式圆筒形钢制焊接储罐安全技术规范》(AQ 3053—2015)第10.8条

第六节　消防与消防应急管理安全风险管控

一、重点风险提示

1. 消防(专职)安全制度

消防(专职)安全制度包括：消防安全管理制度；消防安全教育、培训制度；防火巡检；消防控制室值班制度；安全疏散设施管理制度；火灾隐患整改制度；灭火和应急疏散演练制度；消防安全资料管理制度；专职和志愿消防队的组织管理制度；易燃易爆危险物品和场所防火防爆管理制度；消防泵(站)管理制度；消防工作检查、考核及奖惩制度；消防设施的检测制度；专职消防队业务训练管理制度；消防安全培训管理制度。

2. 机构与职责

1）油库的主要负责人是本单位的消防安全责任人。

2）应设置专(兼)职消防安全管理人员。

3）消防安全责任人、消防安全管理人应报当地公安消防机构备案。

4）消防安全责任人、消防安全管理人员需具有一定的消防安全管理能力。

5）明确各级、各岗位的消防安全职责。

6）消防安全责任人应当履行下列消防安全职责：

a）贯彻消防法规，保障单位消防安全符合规定，掌握本单位的消防安全情况；

b）将消防工作与本单位的生产、经营、管理等活动统筹安排，批准实施年度消防工作计划；

c）为本单位的消防安全提供必要的经费和组织保障；

d）确定逐级消防安全责任，批准实施消防安全制度和保障消防安全的操作规程；

e）组织防火检查，督促落实火灾隐患整改，及时处理涉及消防安全的重大问题；

f）根据消防法规的规定建立专职消防队、义务消防队伍；

g）组织制定符合本单位实际的灭火和应急疏散预案，并实施演练；

h）演练后要组织讲评，提出演练中的不足，制定改进措施，并进行落实，要对落实情况进行验收或验证。

3. 消防演练管理

1）制订全年的消防演练计划。

2）组织消防演练，参演人员应签到。

3）检查灭火救援预案的演练。操作人员应熟悉预案，报警后应有效组织扑救初期火灾，并组织人员疏散逃生。

4）消防车驾驶员和战斗员定期开展灭火救援培训和现场演练，现场实际测试消防队的到场时间和战斗展开应达标。

5）演练结束后要组织讲评，分析存在的不足，提出改进和完善建议，并予以落实，对落实情况监督验证。

4. 消防资料管理

1）消防系统设计资料保存完好。

2）建立消防设备设施档案和台账。

3）建立消防档案，确定消防安全重点部位。

5. 消防培训管理

1）制订全年消防安全培训计划。

2）消防安全责任人、消防安全管理人需经过消防安全培训。

3）消防控制室、消防泵房等重点岗位值班操作人员应熟悉应急处置程序。

4）开展员工消防安全培训上岗、转岗前培训；要对消防各项内容定期进行管理评审，分析存在的不足，提出改进和完善建议并进行改进。

二、重点检查内容提示

1）检查消防水储量、消防供水能力、泡沫液储量及类型的匹配性；

2）检查消防水泵、泡沫泵的动力源可靠性；

3）检查事故状态下事故水收集设施的匹配性；

4）检查消防冷却系统、泡沫系统设置的符合性；

5）评估自有和依托的消防力量匹配性；

6）检查消防培训管理、消防资料管理、消防演练管理、消防制度落实情况。

三、消防及应急系统安全风险清单

消防及应急系统安全风险清单见表 3-6。

表 3-6 消防及应急系统安全风险清单

序号	主要风险	检查依据
1	未履行下列消防安全职责： 1. 落实消防安全责任制，制定本单位的消防安全制度、消防安全操作规程，制定灭火和应急疏散预案； 2. 按照国家标准、行业标准配置消防设施、器材，设置消防安全标志，并定期组织检验、维修，确保完好有效； 3. 对建筑消防设施每年至少进行 1 次全面检测，确保完好有效，检测记录应当完整准确，存档备查； 4. 保障疏散通道、安全出口、消防车通道畅通，保证防火防烟分区、防火间距符合消防技术标准； 5. 组织防火检查，及时消除火灾隐患； 6. 组织进行有针对性的消防演练； 7. 法律、法规规定的其他消防安全职责。	《中华人民共和国消防法》第十六条

续表

序号	主要风险	检查依据
2	消防产品不符合国家标准和行业标准。使用不合格的消防产品以及国家明令淘汰的消防产品。	《中华人民共和国消防法》第二十四条
3	不符合“任何单位、个人不得损坏、挪用或者擅自拆除、停用消防设施、器材，不得埋压、圈占、遮挡消火栓或者占用防火间距，不得占用、堵塞、封闭疏散通道、安全出口、消防车通道。人员密集场所的门窗不得设置影响逃生和灭火救援的障碍物”的规定要求。	《中华人民共和国消防法》第二十八条
4	消防车、消防艇以及消防器材、装备和设施，用于与消防和应急救援工作无关的事项。	《中华人民共和国消防法》第二十四条
5	一、二、三、四级石油库未设独立消防给水系统。	《石油库设计规范》(GB 50074—2014)第12.2.1条
6	容量大于或等于3000m^{3}或罐壁高度大于或等于15m的地上立式储罐，未设固定式消防冷却水系统。	《石油库设计规范》(GB 50074—2014)第12.1.5条第1项
7	不满足“当石油库采用高压消防给水系统时，给水压力不应小于在达到设计消防水量时最不利点灭火所需要的压力；当石油库采用低压消防给水系统时，应保证每个消火栓出口处在达到设计消防水量时，给水压力不应小于0.15MPa”的规定要求。	《石油库设计规范》(GB 50074—2014)第12.2.3条
8	消防水系统不满足“消防给水系统应保持充水状态。严寒地区的消防给水管道，冬季可不充水”的规定要求。	《石油库设计规范》(GB 50074—2014)第12.2.4条
9	一、二、三级石油库地上储罐区不满足“消防给水管道应环状敷设；一、二、三级油库地上储罐区的消防水环形管道的进水管道不应少于2条，每条管道应能通过全部消防用水量”的规定要求。	《石油库设计规范》(GB 50074—2014)第12.2.5条
10	消防栓(炮)不满足下列要求： 1. 消防栓有编号，开启灵活，出水正常，排水良好，出水口扪盖、橡胶垫圈齐全完好； 2. 消防栓阀门井完好，防冻措施到位； 3. 消防炮完好无损、无泄漏，防冻措施落实；消防炮阀门及转向齿轮灵活，润滑无锈蚀现象。	《消防给水及消火栓系统技术规范》(GB 50974—2014)；维护保养的常规要求

续表

序号	主要风险	检查依据
11	石油库消防水泵的设置，不符合下列规定： 1. 一级石油库的消防冷却水泵和泡沫消防水泵应至少各设置1台备用泵。二、三级石油库的消防冷却水泵和泡沫消防水泵应设置备用泵，当两者的压力、流量接近时可共用1台备用泵。四、五级石油库的消防冷却水泵和泡沫消防水泵可不设备用泵。备用泵的流量、扬程不应小于最大主泵的工作能力。 2. 当一、二、三级油库的消防水泵有2个独立电源供电时，主泵应采用电动泵，备用泵可采用电动泵，也可采用柴油机泵；只有1个电源供电时，消防水泵应采用下列方式之一：1)主泵和备用泵全部采用柴油机泵；2)主泵采用电动泵，配备规格(流量、扬程)和数量不小于主泵的柴油机泵作备用泵；3)主泵采用柴油机泵，备用泵采用电动泵。 3. 消防水泵应采用正压启动或自吸启动。当采用自吸启动时，自吸时间不宜大于45s。	《石油库设计规范》(GB 50074—2014)第12.2.12条
12	不符合“油库设有消防水池(罐)时，其补水时间不应超过96h。需要储存的消防总水量大于1000m^{3}时，应设2个消防水池(罐)，2个消防水池(罐)应用带阀门的连通管连通。消防水池(罐)应设供消防车取水用的取水口”的规定要求。	《石油库设计规范》(GB 50074—2014)第12.2.14条
13	消防冷却水系统消火栓的设置不符合下列规定： 1. 移动式消防冷却水系统的消火栓设置数量，应按储罐冷却灭火所需消防水量及消火栓保护半径确定。消火栓的保护半径不应大于120m，且距着火罐罐壁15m内的消火栓不应计算在内。 2. 储罐固定式消防冷却水系统所设置的消火栓间距不应大于60m。 3. 寒冷地区消防水管道上设置的消火栓应有防冻、放空措施。	《石油库设计规范》(GB 50074—2014)第12.2.15条
14	不符合“储存甲B类和乙A类液体且容量大于或等于50000m^{3}的外浮顶罐，应在储罐上设置火灾自动探测装置，并应根据消防灭火系统联动控制要求划分火灾探测器的探测区域。当采用光纤型感温探测器时，探测器应设置在储罐浮盘二次密封圈的上面。当采用光纤光栅感温探测器时，光栅感温探测器的间距不应大于3m”的要求。	《石油库设计规范》(GB 50074—2014)第12.6.5条

续表

序号	主要风险	检查依据
15	设有固定式消防系统的石油库，其消防车配备不符合下列规定： 1. 特级石油库应配备 3 辆泡沫消防车；当特级石油库中储罐单罐容量大于或等于 100000m³ 时，还应配备 1 辆举高喷射消防车。 2. 一级石油库中，当外浮顶储罐单罐容量不小于 20000m³ 时，应配备 2 辆泡沫消防车；当一级石油库中储罐单罐容量大于或等于 100000m³ 时，还应配备 1 辆举高喷射消防车。 3. 储罐总容量大于或等于 50000m³ 的二级石油库，当外浮顶储罐单罐容量不小于 20000m³ 时，应配备 1 辆泡沫消防车。 4. 石油库应与邻近企业或城镇消防站协商组成联防。联防企业或城镇消防站的消防车辆符合下列要求时，可作为油库的消防车辆： 在接到火灾报警后 5min 内能对着火罐进行冷却的消防车辆；在接到火灾报警后 10min 内能对相邻储罐进行冷却的消防车辆；在接到火灾报警后 20min 内能对着火储罐提供泡沫的消防车辆。	《石油库设计规范》(GB 50074—2014)第 12.5.3 条和第 12.5.4 条
16	当采用水罐消防车对储罐进行冷却时，水罐消防车的台数未按储罐最大需水量配备。	《石油库设计规范》(GB 50074—2014)第 12.5.1 条
17	当采用泡沫消防车对储罐灭火时，泡沫消防车的台数未按 1 座最大着火储罐所需的泡沫液量配备。	《石油库设计规范》(GB 50074—2014)第 12.5.2 条
18	石油库事故水收集池容量不符合如下要求： 1. 当防火堤有效容积不小于最大储罐容量时：一、二、三、四级石油库的漏油及事故污水收集池容量，分别不应小于 1000m³、750m³、500m³、300m³； 2. 五级石油库可不设漏油及事故污水收集池。漏油及事故污水收集池应采取隔油措施。	《石油库设计规范》(GB 50074—2014)第 13.4.2 条
19	雨水暗管或雨水沟支线进入雨水主管或主沟处，未设水封井。	《石油库设计规范》(GB 50074—2014)第 13.4.4 条
20	石油库内未设消防值班室。消防值班室内未设专用受警录音电话。	《石油库设计规范》(GB 50074—2014)第 12.6.1 条

续表

序号	主要风险	检查依据
21	储罐区泡沫站未布置在罐组防火堤外的非防爆区，与储罐的防火间距不符合“不应小于 20m”的要求。	《石油库设计规范》(GB 50074—2014)第 5.1.13 条
22	罐区泡沫液储备量评估，不满足如下规范要求： 1. 油罐应设置固定式低倍数泡沫灭火系统； 2. 泡沫混合液量，应满足扑救油罐区内最大单罐火灾所需泡沫混合液用量和为该油罐配置的辅助泡沫枪所需混合液用量之和的要求； 3. 油罐需要的泡沫混合液量，应按罐壁与泡沫堰板之间的环形面积计算，供给强度和供给时间应符合规定要求； 4. 辅助泡沫枪用量应同时满足规定要求； 5. 泡沫液储备量应在计算的基础上增加不少于 50% 的富裕量。	《泡沫灭火系统技术标准》(GB 50151—2021)第 4.1.3 条、第 4.1.5 条、第 4.3.2 条、第 4.4.2 条；《石油储备库设计规范》(GB 50737—2011)第 8.1.2 条、第 8.3.3 条、第 8.3.4 条、第 8.3.5 条、第 8.3.6 条、第 8.3.12 条
23	配置泡沫混合液用泡沫消防水泵的设置不符合下列规定： 1. 泡沫消防水泵应单独设置，不应与消防冷却水泵共用； 2. 泡沫消防水泵应设备用泵，各设置独立的吸水管；备用泵的流量、扬程不应小于最大工作主泵的相应性能； 3. 当具备双电源条件时，泡沫消防水主泵应采用电动泵，备用泵应采用柴油机泵；当只有单电源条件时，宜设 1 台电动泡沫消防水泵，其余泡沫消防水泵应采用柴油机泵； 4. 泡沫消防水泵应正压启动； 5. 泡沫消防水泵的压力和流量应满足各个泡沫站的需要； 6. 泡沫消防水泵的启动应采取自动控制方式。	《石油储备库设计规范》(GB 50737—2011)第 8.3.10 条
24	不满足“泡沫液泵、平衡阀和比例混合器应为 1 用 1 备”的规定要求。	《石油储备库设计规范》(GB 50737—2011)第 8.3.11 条
25	泡沫灭火及水喷雾系统不满足下列要求： 1. 泡沫发生系统保持完好，零部件齐全，随时保持备用状态；泡沫液定期更换，有记录； 2. 水喷雾系统、水喷淋系统、蒸汽灭火系统等消防设施完好，能随时投用，定期试验。	《泡沫灭火系统技术标准》(GB 50151—2021)；《石油化工企业设计防火标准(2018 年版)》(GB 50160—2008)第 8.6 节、第 8.8 节；泡沫灭火及水喷雾系统维护保养常规要求

续表

序号	主要风险	检查依据
26	消防水系统管道上设置消火栓不符合下列规定： 1. 消防水系统管道上所设置的消火栓的间距不应大于 60m； 2. 寒冷地区消防水管道上设置的消火栓应有防冻、放空措施。	《石油储备库设计规范》(GB 50737—2011)第 8. 2. 13 条
27	油罐的消防冷却水和泡沫系统不满足“应采用远程手动启动的程序控制系统，同时具备现场手动操作的功能”的要求。	《石油储备库设计规范》(GB 50737—2011)第 8. 1. 4 条
28	石油库未设置泡沫站，或泡沫站位置不满足“在泡沫消防水泵启动后，将泡沫混合液输送到最远保护对象的时间小于或等于 5min”的要求。	《石油储备库设计规范》(GB 50737—2011)第 8. 3. 9 条
29	不满足“应在库区内设置漏油及事故污水收集池。收集池容积不应小于 1 次最大消防用水量，并应采取隔油措施”的要求。	《石油储备库设计规范》(GB 50737—2011)第 9. 4. 1 条
30	油库作业现场不满足如下规定：应急救援物资应存放在应急救援器材专用柜、应急站或指定地点。作业场所应急物资配备应符合 GB 30077 表 1 的要求。	《危险化学品单位应急救援物资配备要求》(GB 30077—2024)第 6 条
31	企业应急救援队伍应急救援人员的个人防护装备配备不符合 GB 30077—2024 表 2 的要求，抢险救援车辆配备数量不符合 GB 30077—2024 表 3 的要求。	《危险化学品单位应急救援物资配备要求》(GB 30077—2024)第 7. 1 条和第 7. 2. 1 条
32	抢险救援物资配备不满足如下要求： 第一类危险化学品单位应急救援队伍的抢险救援物资配备的种类和数量应符合 GB 30077—2024 附录 C 的要求。 第二类危险化学品单位应急救援队伍的抢险救援物资配备的种类和数量应符合 GB 30077—2024 附录 D 的要求。	《危险化学品单位应急救援物资配备要求》(GB 30077—2024)第 7. 3. 1 条和第 7. 3. 2 条
33	油品储罐区低倍数泡沫灭火系统的选择，不符合外浮顶应选用液上喷射系统的规定。	《泡沫灭火系统技术标准》(GB 50151—2021)第 4. 1. 2 条
34	外浮顶储罐的泡沫导流罩应设置在罐壁顶部，其泡沫堰板的设计不符合下列规定： 1. 泡沫堰板应高出密封 0. 2m； 2. 泡沫堰板与罐壁的间距不应小于 0. 9m； 3. 泡沫堰板的最低部位应设排水孔。	《泡沫灭火系统技术标准》(GB 50151—2021)第 4. 3. 3 条

续表

序号	主要风险	检查依据
35	1. 未组织实施对本单位消防设施、灭火器材和消防安全标志的维护保养，确保其完好有效； 2. 未根据本单位火灾危险特性配备相应的消防装备器材，储备足够的灭火药剂和物资； 3. 未在员工中组织开展消防知识、技能的宣传教育和培训，组织灭火和应急疏散预案的实施和演练。	《中华人民共和国消防法》第十六条；《机关、团体、企业、事业单位消防安全管理规定》(公安部令第 61 号) 第七条；《国务院办公厅关于印发消防安全责任制实施办法的通知》(国办发〔2017〕87 号) 第十五、十六、十七条
36	甲、乙类库区罐组四周道路边未设置手动火灾报警按钮，或其间距大于 100m。	《石油化工企业设计防火标准(2018 年版)》(GB 50160—2008) 第 8. 12. 4 条
37	消防用水池未设置就地水位显示装置，在消防控制中心或值班室等地点未设置显示消防水池水位的装置，未设置最高和最低水位报警。	《消防给水及消火栓系统技术规范》(GB 50974—2014) 第 4. 3. 9 条
38	泡沫液储罐上未设置铭牌，或未标识泡沫液种类、型号、出厂日期和灌装日期、有效期及储量等内容，消防系统中所用的控制阀门未有明显的启闭标志。	《泡沫灭火系统技术标准》(GB 50151—2021) 第 9. 3. 10 条和第 3. 7. 1 条
39	消火栓、消防用水泵接合器、消防用水泵房、消防水泵、减压阀、报警阀和阀门等，未有明确的标识。	《消防给水及消火栓系统技术规范》(GB 50974—2014) 第 14. 0. 13 条
40	储罐区设置稳高压消防给水系统管网压力不满足“0. 7～1. 2MPa”的要求。	《石油化工企业设计防火标准(2018 年版)》(GB 50160—2008) 第 8. 5. 1 条

第七节 安全管理组织机构设立及责任制建立方面风险管控

一、主要风险提示

1) 安全管理组织机构主要包括企业安全管理组织机构设立和安全管理人员配备、主要负责人和安全管理人员任职资格、从业人员基本条件等。

2) 安全环保责任制。

① 包括按照“一岗双责”的原则，建立安全环保责任制；操作、服务岗位可将安全环保职责融入岗位职责，明晰其岗位操作和属地区域的安全环保职责；

② 安全环保责任制至少每 3 年评审 1 次，当组织机构、业务领域、生产规模等发生变化或发生生产安全事故和环境事件时，应及时评审和完善；

③ 组织对岗位人员安全环保履职能力进行评价；对于不胜任的人员，应当及时进行培训或岗位调整；

④ 按照要求编制安全生产责任清单，内容应包括安全生产职责、工作任务、工作标准、工作结果和安全承诺等；

⑤ 按照安全生产责任制管理制度，建立健全保障安全生产责任清单实施的监督考核机制，确保各项安全职责和工作任务按标准落实到位；

⑥ 员工应签订《安全环保责任书》，签订率达到100%。

3）建立领导干部安全生产联系点制度，联系人应定期对安全生产联系点进行安全检查和指导。

4）落实重大危险源主要负责人、技术负责人、操作负责人的安全包保履职要求。

二、重点检查内容提示

1）检查主要负责人和安全管理人员任职资格；

2）检查企业安全管理组织机构及安全管理人员的配备符合性；

3）检查安全生产责任制的建立及落实情况；

4）检查企业保证安全生产条件所必需的资金投入情况；

5）检查企业各级人员的安全培训教育情况。

三、安全管理组织机构设立及责任制建立方面的风险清单

安全管理组织机构设立及责任制建立方面的风险清单见表3-7。

表3-7　安全管理组织机构设立及责任制建立方面的风险清单

序号	主要风险	检查依据
1	库区未明确重大危险源的主要负责人、技术负责人和操作负责人。	《应急管理部办公厅关于印发危险化学品企业重大危险源安全包保责任制办法(试行)的通知》(应急厅〔2021〕12号)第三条
2	危险化学品企业未建立重大危险源主要负责人、技术负责人、操作负责人的安全包保履职记录，做到可查询、可追溯，企业的安全管理机构未对包保责任人履职情况进行评估，并纳入企业安全生产责任制考核与绩效管理。	《应急管理部办公厅关于印发危险化学品企业重大危险源安全包保责任制办法(试行)的通知》(应急厅〔2021〕12号)第九条

续表

序号	主要风险	检查依据
3	重大危险源的技术负责人未由企业层面技术、生产、设备等分管负责人或者二级单位层面有关负责人担任；操作负责人未由重大危险源生产单元、储存单元所在车间、单位的现场直接管理人员担任。	《应急管理部办公厅关于印发危险化学品企业重大危险源安全包保责任制办法(试行)的通知》(应急厅〔2021〕12号)第十五条
4	未建立重大危险源主要负责人、技术负责人、操作负责人的安全包保履职记录；安全管理机构未对包保责任人履职情况进行评估，并纳入企业安全生产责任制考核与绩效管理。	《应急管理部办公厅关于印发危险化学品企业重大危险源安全包保责任制办法(试行)的通知》(应急厅〔2021〕12号)第九条
5	技术负责人每季度至少组织对重大危险源进行1次针对性安全风险隐患排查。操作负责人每周至少组织1次重大危险源安全风险隐患排查。	《应急管理部办公厅关于印发危险化学品企业重大危险源安全包保责任制办法(试行)的通知》(应急厅〔2021〕12号)第五、六条
6	未建立安全风险研判与承诺公告管理制度，主要负责人未每天签署安全承诺，并在油库主门外向社会公告。	《应急管理部关于全面实施危险化学品企业安全风险研判与承诺公告制度的通知》(应急〔2018〕74号)；《应急管理部办公厅关于印发危险化学品企业重大危险源安全包保责任制办法(试行)的通知》(应急厅〔2021〕12号)第八条
7	安全承诺公告牌企业承诺内容中未包含落实重大危险源安全包保责任的相关内容。	《应急管理部关于全面实施危险化学品企业安全风险研判与承诺公告制度的通知》(应急〔2018〕74号)；《应急管理部办公厅关于印发危险化学品企业重大危险源安全包保责任制办法(试行)的通知》(应急厅〔2021〕12号)第八条
8	1. 主要负责人未组织制定符合本企业实际的安全生产方针和年度安全生产目标； 2. 安全生产目标不满足： (1)形成文件，并得到所有从业人员的贯彻和实施； (2)符合或严于相关法律法规的要求； (3)根据安全生产目标制定量化的安全生产工作指标。	《危险化学品企业安全风险隐患排查治理导则》(应急〔2019〕78号)安全基础管理安全风险隐患排查表(一)安全领导力第1条
9	1. 未将年度安全生产目标分解到各级组织(包括各个管理部门、车间、班组)，未逐级签订安全生产目标责任书； 2. 未制订切实可行的年度安全生产工作计划； 3. 未定期考核安全生产目标完成情况。	《关于印发危险化学品从业单位安全生产标准化评审标准的通知》(安监总管三〔2011〕93号)中《评审标准》第2.1条

续表

序号	主要风险	检查依据
10	不符合如下要求： 1. 使用单位应执行管理部门制定的储罐管理规定，编制本单位的储罐管理细则； 2. 配备具有储罐专业知识和技能，以熟悉国家相关法律、法规、安全技术标准的工程技术人员作为安全管理人员，负责储罐的安全管理工作； 3. 应对储罐作业人员在上岗前进行培训和考核，合格后才允许上岗，并对作业人员定期进行安全教育，专业培训和考核； 4. 使用单位对储罐的使用、维护和安全管理负责。	《立式圆筒形钢制焊接储罐安全技术规范》(AQ 3053—2015)第 10.4.1 条
11	企业负责人未落实“每季度至少参加 1 次班组安全活动，基层单位负责人及其管理人员每月至少参加 2 次班组安全活动，并在班组安全活动记录上签字”的规定要求。	《关于印发危险化学品从业单位安全生产标准化评审标准的通知》(安监总管三〔2011〕93 号)中《评审标准》第 5.6 条
12	未制定领导干部带班制度并严格落实，主要负责人未参加领导干部带班，其他分管负责人未轮流带班；生产车间未建立由管理人员参加的车间值班制度并严格落实。	《危险化学品企业安全风险隐患排查治理导则》(应急〔2019〕78 号)安全基础管理安全风险隐患排查表(一)安全领导力第 6 条
13	油库分管负责人未组织并参加综合性或专业性安全风险隐患排查及治理工作。	《关于印发危险化学品从业单位安全生产标准化评审标准的通知》(安监总管三〔2011〕93 号)中《评审标准》第 11.2 条
14	企业未建立健全安全生产规章制度，包括全员安全生产责任制度、危险化学品购销管理制度、危险化学品安全管理制度(防火、防爆、防中毒、防泄漏管理等)、安全投入保障制度、安全生产奖惩制度、安全生产教育培训制度、隐患排查治理制度、安全风险管理制度、应急管理制度、事故管理制度、职业卫生管理制度等。	《危险化学品经营许可证管理办法》(国家安全监管总局令第 79 号)第六条(三)；危险化学品企业安全管理的要求
15	企业主要负责人未制订月度个人安全行动计划，并对安全行动计划履行情况进行考核。	《危险化学品企业安全风险隐患排查治理导则》(应急〔2019〕78 号)安全基础管理安全风险隐患排查表(一)安全领导力第 11 条
16	自 2020 年 5 月起，对涉及“两重点一重大”生产装置和储存设施的企业，新入职的主要负责人和主管生产、设备、技术、安全的负责人及安全生产管理人员必须具备化学、化工、安全等相关专业大专及以上学历或化工类中级及以上职称，新入职的涉及重大危险源、重点监管化工工艺的生产装置、储存设施操作人员必须具备高中及以上学历或化工类中等及以上职业教育水平，新入职的涉及爆炸危险性化学品的生产装置和储存设施的操作人员必须具备化工类大专及以上学历；不符合上述要求的现有人员应在 2022 年底前达到相应水平。危险化学品企业要按规定配备化工相关专业注册安全工程师。	国务院安全生产委员会关于印发《全国安全生产专项整治三年行动计划》的通知(安委〔2022〕3 号文件)附件 3：《危险化学品安全专项整治三年行动实施方案》(三)提升从业人员专业素质能力

续表

序号	主要风险	检查依据
17	1. 企业未设置安全生产管理机构或配备专职安全生产管理人员； 2. 专职安全生产管理人员少于企业员工总数的 2%（不足 50 人的企业至少配备 1 人），或不具备化工或安全管理相关专业中专以上学历，从事化工生产相关工作不满足 2 年以上经历的要求，或未取得安全管理人员资格证书； 3. 不符合“从业人员 300 人以上的煤矿、非煤矿矿山、建筑施工单位和危险物品生产、经营单位，应当按照不少于安全生产管理人员 15%的比例配备注册安全工程师；安全生产管理人员在 7 人以下的，至少配备 1 名注册安全工程师”的要求。	《安全生产法》第二十四条；《关于危险化学品企业贯彻落实国务院关于进一步加强企业安全生产工作的通知的实施意见》（安监总管三〔2010〕186 号）第一章第三条；《安全生产法》第二十七条；《注册安全工程师管理规定》（国家安全监管总局令第 63 号）第六条
18	1. 未落实安全生产费用管理制度，或未足额提取安全生产费用，专项用于安全生产； 2. 未建立安全生产费用台账，或未载明安全生产费用使用情况。	《危险化学品企业安全风险隐患排查治理导则》（应急〔2019〕78 号）安全基础管理安全风险隐患排查表（一）安全领导力第 15 条
19	未依法参加工伤保险和安全生产责任保险，为员工缴纳保险费。完善工伤保险制度。	《中共中央、国务院关于推进安全生产领域改革发展的意见》第二十九条
20	企业危险化学品特种作业人员不具备高中或者相当于高中及以上文化程度，能力不满足安全生产要求。	《特种作业人员安全技术培训考核管理规定》（国家安全监管总局令第 80 号）第四条
21	企业未建立健全企业全员安全生产责任制或未明确从主要负责人到一线从业人员（含劳务派遣人员、实习学生等）的安全生产责任、责任范围和考核标准。	《国务院安委会办公室关于全面加强企业全员安全生产责任制工作的通知》（安委办〔2017〕29 号）第二条
22	未将全员安全生产责任制教育培训工作纳入安全生产年度培训计划，未对所有岗位从业人员（含劳务派遣人员、实习学生等）进行安全生产责任制教育培训，或未真实记录相关教育培训情况等。	《危险化学品企业安全风险隐患排查治理导则》（应急〔2019〕78 号）安全基础管理安全风险隐患排查表（二）安全生产责任制第 2 条
23	当国家安全生产法律法规发生变化或企业生产经营发生重大变化时，未及时修订安全生产责任制。	《关于印发危险化学品从业单位安全生产标准化评审标准的通知》（安监总管三〔2011〕93 号）中《评审标准》第 4.3 条

续表

序号	主要风险	检查依据
24	未根据培训需求调查编制年度安全教育培训计划，或未按计划实施。	《关于印发危险化学品从业单位安全生产标准化评审标准的通知》（安监总管三〔2011〕93号）中《评审标准》第5.1条
25	未建立健全从业人员安全生产教育和培训档案，或培训的时间、内容、参加人员以及考核结果等情况记录不详细、准确。	《生产经营单位安全培训规定》（国家安全监管总局令第80号）第二十二条
26	1. 企业主要负责人和安全生产管理人员，未经过主管的负有安全生产监督管理职责的部门对其安全生产知识和管理能力考核并合格； 2. 企业主要负责人和安全生产管理人员未接受每年再培训。	《危险化学品企业安全风险隐患排查治理导则》（应急〔2019〕78号）安全基础管理安全风险隐患排查表（三）安全教育和岗位操作技能培训第5条
27	未对新从业人员（包括临时工、合同工、劳务工、轮换工、协议工、实习人员等）进行厂、车间（区、队）、班组三级安全培训教育，或存在经过考核不合格，人员已经上岗的违规行为。	《危险化学品企业安全风险隐患排查治理导则》（应急〔2019〕78号）安全基础管理安全风险隐患排查表（三）安全教育和岗位操作技能培训第6条
28	1. 特种作业人员未经专门的安全技术培训并考核合格，取得特种作业操作证后，方可上岗作业； 2. 特种作业操作证未定期复审。	《特种作业人员安全技术培训考核管理规定》（国家安全监管总局令第80号）第五、二十一条
29	建设项目“三同时”履行手续不符合规定要求。	《危险化学品建设项目安全监督管理办法》（国家安全监管总局令第79号）
30	采用新工艺、新技术、新材料或者使用新设备，对从业人员未进行专门的安全生产教育和培训。	《安全生产法》第二十九条
31	未制定安全风险管理制度，或未明确安全风险评价的目的、范围、频次、准则、方法、工作程序等，未明确各部门及有关人员在开展安全风险评价过程中的职责和任务。	《危险化学品企业安全风险隐患排查治理导则》（应急〔2019〕78号）安全基础管理安全风险隐患排查表（五）安全风险管理第1条
32	未建立健全生产安全事故隐患排查治理制度，未明确各种事故隐患排查的形式、内容、频次、组织与参加人员、事故隐患治理、上报及其他有关要求。	《危险化学品企业安全风险隐患排查治理导则》（应急〔2019〕78号）安全基础管理安全风险隐患排查表（五）安全风险管理第14条
33	未编制综合性、专业、重要时段和节假日、季节性和日常事故隐患排查表。	《危险化学品企业安全风险隐患排查治理导则》（应急〔2019〕78号）安全基础管理安全风险隐患排查表（五）安全风险管理第15条

续表

序号	主要风险	检查依据
34	未制订事故隐患检查计划，或未明确各种排查的目的、要求、内容和负责人，并按计划开展各种事故隐患排查工作。	《危险化学品企业安全风险隐患排查治理导则》(应急〔2019〕78号)安全基础管理安全风险隐患排查表(五)安全风险管理第16条
35	未对排查出的事故隐患下达隐患治理通知，或未立即组织整改，或未建立事故隐患治理台账。	《危险化学品从业单位安全生产标准化通用规范》(AQ 3013—2008)第5.2.4条

第八节　安全信息管理风险管控

一、主要风险提示

安全信息是关于化学品、工艺技术和工艺设备的完整、准确的书面信息资料，可以帮助员工理解油库(输油站)的工艺系统原理和运行要求，是开展危害识别及风险评估的依据。油库的安全信息应至少包含以下内容：

1. 化学品的危害信息

a) 毒性信息；b)允许暴露限值；c)物理参数，如沸点、蒸气压、密度、溶解度、闪点、爆炸极限；d)反应特性，如分解反应、聚合反应；e)腐蚀性数据，腐蚀性以及材质的不相容性；f)热稳定性和化学稳定性，如受热是否分解、暴露于空气中或被撞击时是否稳定；与其他物质混合时的不良后果，混合后是否发生反应；g)对于泄漏化学品的处置方法。

2. 工艺技术信息

a) 工艺物料流程图；b)管道与仪表流程图(P&ID)；c)设计的物料最大存储量；d)安全操作范围(温度、压力、流量、液位或组分等)；e)偏离正常工况后果的评估，包括对员工的安全和健康的影响。上述工艺技术信息通常包含在技术手册、操作规程、操作法、培训材料或其他类似文件中。

3. 设备安全信息

a) 材质；b)设备规格及相关设计和操作条件；c)电气设备危险等级区域划分图；d)泄压系统设计基础和计算书；e)通风系统的设计图；f)设计标准或规范；g)安全系统(如：联锁、监测或抑制系统)。

二、重点检查内容提示

1）检查安全信息管理制度的制定和执行情况；
2）检查安全信息的完整性、时效性、准确性及可获取性；
3）检查地下隐蔽工程安全信息的完整性。

三、安全信息管理风险清单

安全信息管理风险清单见表3-8。

表3-8　安全信息管理风险清单

序号	主要风险	主要依据
1	库区化学品信息不全面，不满足AQ/T 3034—2022表A.3的管理要求。	《化工过程安全管理导则》（AQ/T 3034—2022）第A.2.2条—常用安全生产信息内容
2	工艺危险性信息不全面，不满足AQ/T 3034—2022表A.3的管理要求。	《化工过程安全管理导则》（AQ/T 3034—2022）第A.2.2条—常用安全生产信息内容
3	工艺技术信息不全面，不满足AQ/T 3034—2022表A.4的管理要求。	《化工过程安全管理导则》（AQ/T 3034—2022）第A.2.2条—常用安全生产信息内容
4	设备设施信息不全面，不满足AQ/T 3034—2022表A.5的管理要求。	《化工过程安全管理导则》AQ/T 3034—2022第A.2.2条—常用安全生产信息内容
5	同类事故信息未收集或填写内容不满足AQ/T 3034—2022表A.6的管理要求。	《化工过程安全管理导则》（AQ/T 3034—2022）第A.2.2条—常用安全生产信息内容
6	未制定安全生产信息管理制度，未明确安全生产信息收集、整理、保存、利用、更新、培训等环节管理要求，未明确安全生产信息管理主责部门、各环节管理责任部门。	《危险化学品企业安全风险隐患排查治理导则》（应急〔2019〕78号）1安全基础管理安全风险隐患排查表（四）安全生产信息管理第1条
7	安全信息管理不符合如下要求： 利用信息系统实现对安全生产信息的自动保存，实现可查可用，并便于检索、查阅，相关人员可及时、方便地获取相关信息。	《危险化学品企业安全风险隐患排查治理导则》（应急〔2019〕78号）1安全基础管理安全风险隐患排查表（四）安全生产信息管理第4条

续表

序号	主要风险	主要依据
8	综合分析收集到的各类信息未转化到安全风险分析、事故调查和编制生产管理制度、操作规程、员工安全教育培训手册、应急处置预案、工艺卡片和技术手册等资料中。	《危险化学品企业安全风险隐患排查治理导则》(应急〔2019〕78 号)1 安全基础管理安全风险隐患排查表(四)安全生产信息管理第 5 条
9	未及时获取危险化学品安全技术说明书和安全标签。	《危险化学品企业安全风险隐患排查治理导则》(应急〔2019〕78 号)1 安全基础管理安全风险隐患排查表(四)安全生产信息管理第 6 条
10	未及时收集、更新安全生产信息，以确保信息正确、完整，并保证相关人员能够及时获取最新安全生产信息。	《危险化学品企业安全风险隐患排查治理导则》(应急〔2019〕78 号)1 安全基础管理安全风险隐患排查表(四)安全生产信息管理第 7 条
11	未对相关岗位人员进行安全生产信息培训，以便他们掌握本岗位有关的安全生产信息。	《危险化学品企业安全风险隐患排查治理导则》(应急〔2019〕78 号)1 安全基础管理安全风险隐患排查表(四)安全生产信息管理第 8 条
12	未建立识别和获取适用的安全生产法律法规、标准及政府其他有关要求的管理制度，未明确责任部门、识别、获取、评价等要求。	《危险化学品企业安全风险隐患排查治理导则》(应急〔2019〕78 号)1 安全基础管理安全风险隐患排查表(四)安全生产信息管理第 9 条
13	未及时识别和获取适用的安全生产法律法规和标准及政府其他有关要求，未形成清单和文本数据库，并定期更新。	《危险化学品企业安全风险隐患排查治理导则》(应急〔2019〕78 号)1 安全基础管理安全风险隐患排查表(四)安全生产信息管理第 10 条
14	未定期对适用的安全生产法律、法规、标准及其他有关要求的执行情况进行符合性评价，未编制符合性评价报告；未对评价出的不符合项进行原因分析，未制订整改计划和措施并落实。	《危险化学品企业安全风险隐患排查治理导则》(应急〔2019〕78 号)1 安全基础管理安全风险隐患排查表(四)安全生产信息管理第 11 条

第九节　生产运行管理风险管控

生产运行管理要通过相关操作规程、工艺卡片、交接班制度、开停车管理等规范企业生产运行活动，降低人员操作和生产运行风险。

一、重点风险提示

1. 火灾爆炸

1）在油品输送或储存过程中，若操作失误发生物料泄漏遇明火、静电甚至高温等条件都将会造成火灾爆炸事故。

2）生产过程中控制系统若未设置备用电源，发生事故时不能正常工作，易造成系统油品泄漏，引发火灾爆炸事故。

3）腐蚀导致油品泄漏，或泵、转动设备等密封处泄漏，也可能发生火灾甚至爆炸事故。

4）油品流速过快产生静电或静电未及时导出，当静电积累到一定量时静电放电可能会引燃易燃物质，导致火灾爆炸事故。

5）生产过程中严格杜绝火种的存在。

2. 中毒窒息

1）在生产过程中具有一定毒性的物质泄漏，操作人员触及，有发生急性中毒甚至死亡的危险。

2）设备、管线、阀门、法兰密封不严，有毒物料“跑、冒、滴、漏”，冬天门窗封闭、夏季无风时可能导致人员中毒。

3）危险化学品安全标识不健全，物品名称、性质标识不准确，操作人员劳动防护用品佩戴不齐、麻痹大意，可能造成中毒事故。另外，有毒物浓度长期超标，现场操作人员长期接触毒物，可造成慢性健康危害。

3. 容器爆炸

1）压力容器制造质量低劣、未进行正规压力试验即投入使用导致爆裂事故。

2）压力容器在生产中承受压力且受到介质的腐蚀性或高温流体的冲刷磨损，以及操作压力、温度波动的影响，在使用过程中会产生缺陷，压力容器未根据检验周期定期进行检验而可能发生爆炸。

3）蒸汽管线、各换热设备等热补偿设计不合理，操作过程中温度升降速度太快等，可导致设备、管线破裂，进而发生物理爆炸。

4）压力容器安全附件不齐全，如安全阀、压力表等，或未定期检验，造成无法正常使用，而导致压力容器爆裂。

5）未根据安全操作要求正确使用压力容器。

4. 灼烫

1）蒸汽管道在生产过程中发生蒸汽等高温物料泄漏，存在发生高温烫伤的危险。

2）生产过程中蒸汽系统等设备、管线表面温度较高，高温设备、管道裸露，保温层缺损不全、操作人员近距离操作、意外接触有人员烫伤的危险。

3）操作人员开启蒸汽阀及操作蒸汽临时管，蒸汽接头若安装位置不合适，蒸汽闸门密封不严或插临时蒸汽管插接不牢，蒸汽阀门、管线、设备质量不合格等均有可能发生高温烫伤危险。

5. 触电

生产过程中使用的电气设备接地接零不良、开关柜防护功能不全导致误操作或无防护措施造成操作人员误入带电间隔，人与电气设备带电部位安全距离不足、人体过分接近高低压带电设备，作业人员未按照电气安全操作规程进行操作或缺乏安全用电常识等，可能造成人身触电事故。

6. 机械伤害

1）生产过程中有多台运转的机泵设备，若这些机械设备存在本质缺陷，转动部位的防护装置不完善、不可靠或安全防护装置功能失效，操作人员可能因卷入或夹入旋转部件和运动设备之间而发生机械伤害事故。

2）若无安全操作规程或操作规程不健全，作业时管理不善；操作人员未经培训，操作人员不严格执行操作规程、采取相应的安全措施，佩戴相应的劳动防护用品，也可能发生机械伤害事故。

3）若工作场地设备布局不合理、通道狭窄，作业区照明不足，地面或脚踏板不平整或有油泥，操作人员因滑倒或跌倒与机械设备相碰撞可能发生机械伤害事故。转动设备检修时，如果电器开关不挂牌警示，有出现误启动开关，致使检修人员受机械伤害的危险。

7. 高处坠落

储罐顶部岗位值班巡检时，若存在平台及护栏不规范、平台无防滑措施、设备与操作面的间隙过大作业，精力不集中、不良气候条件下作业等情况，有发生高空坠落的危险。

8. 物体打击

如果上下交叉作业，平台或楼梯无挡脚板，工具或其他物件不慎落下，会使下部人员受到高空落物打击伤害。

9. 淹溺

库区设置含油污水池、事故污水池，若水池存水、无安全护栏、无安全警示标志或照明不足，操作人员巡检时有掉入水中发生淹溺的危险。

二、主要检查内容提示

1）检查操作规程与工艺卡片管理制度制定及执行情况；

2）检查工艺运行参数与工艺卡片的一致性，评估油气储罐是否存在超温、超压、超液位操作和随意变更储存介质的情况；

3）检查安全阀、泄压保护、报警、安全联锁等重要保护措施的运行情况；

4）检查运行监测预警设置、处理及管理情况；

5）检查储罐投停安全管理情况；

6）检查工作纪律、交接班制度的执行与管理情况。

三、生产运行风险清单

生产运行风险清单见表3-9。

表3-9 生产运行风险清单

序号	主要风险	检查依据
1	生产运行管理体系运行情况未实施考核，包括“三违”（违章指挥、违章作业、违反劳动纪律）的检查和处置，并缺少相关记录。	《危险化学品企业安全风险隐患排查治理导则》（应急〔2019〕78号）第4.1.6条
2	聘用的岗位员工学历、能力不能满足危化企业安全生产运行要求。	《危险化学品企业安全风险隐患排查治理导则》（应急〔2019〕78号）第4.1.10条
3	未根据安全生产法律法规和安全风险管控情况，针对可能发生安全事故的风险点，全面开展安全风险隐患排查工作，做到安全风险隐患排查全覆盖，责任到位。	《危险化学品企业安全风险隐患排查治理导则》（应急〔2019〕78号）第3.1.1条
4	重点时段及节假日前，未对库区生产是否存在异常状况和事故隐患、备用设备状态、备品备件、生产及应急物资储备、安全保卫、应急、消防等方面进行的检查，特别是要对节假日期间领导干部带班值班、机电仪保运及紧急抢修力量安排、备件及各类物资储备和应急工作进行重点检查。	《危险化学品企业安全风险隐患排查治理导则》（应急〔2019〕78号）第3.1.2条

续表

序号	主要风险	检查依据
5	涉及“两重点一重大”的储存装置的岗位操作人员现场巡检间隔不满足“不得大于1小时”的要求。	《危险化学品企业安全风险隐患排查治理导则》(应急〔2019〕78号)第3.2.1条
6	库区管理人员(工艺、设备技术人员)、电气、仪表管理人员不满足“每天至少2次对现场进行相关专业检查”的要求。	《危险化学品企业安全风险隐患排查治理导则》(应急〔2019〕78号)第3.2.1条
7	当同类企业发生安全事故时，未举一反三，及时进行事故类比，并组织安全风险隐患专项排查。	《危险化学品企业安全风险隐患排查治理导则》(应急〔2019〕78号)第3.2.1条
8	未建立操作规程与工艺卡片的管理制度，包括编写、审查、批准、颁发、使用、控制、修改及废止的程序和职责等内容。	《危险化学品企业安全风险隐患排查治理导则》(应急〔2019〕78号)4装置运行安全风险隐患排查表(二)操作规程与工艺卡片第1条
9	操作规程的内容不涵盖如下规定内容： 1. 岗位生产工艺流程，工艺原理，物料平衡表、能量平衡表，关键工艺参数的正常控制范围，偏离正常工况的后果，防止和纠正偏离正常工况的方法及步骤； 2. 储罐正常投停、正常操作、临时操作、应急操作、紧急停车的操作步骤和安全要求； 3. 工艺参数一览表，包括设计值、正常控制范围、报警值及联锁值； 4. 岗位涉及的危险化学品危害信息、应急处理原则以及操作时的人身安全保障、职业健康注意事项。	《危险化学品企业安全风险隐患排查治理导则》(应急〔2019〕78号)4装置运行安全风险隐患排查表(二)操作规程与工艺卡片第3条
10	未组织专业管理人员和操作人员编制、修订和审核操作规程，未将成熟的安全操作经验纳入操作规程中。	《危险化学品企业安全风险隐患排查治理导则》(应急〔2019〕78号)4装置运行安全风险隐患排查表(二)操作规程与工艺卡片第6条
11	作业现场未存有最新版本的操作规程文本，以方便现场操作人员随时查用。	《关于加强化工过程安全管理的指导意见》(安监总管三〔2013〕88号)第八条

续表

序号	主要风险	检查依据
12	不满足"应对从业人员进行安全生产教育和培训，保证从业人员具备必要的安全生产知识，熟悉有关的安全生产规章制度和安全操作规程，掌握本岗位的安全操作技能，了解事故应急处理措施，知悉自身在安全生产方面的权利和义务。未经安全生产教育和培训合格的从业人员，不得上岗作业"的规定要求。	《安全生产法》第二十八条
13	现场表指示数值、DCS 控制值与工艺卡片控制值不一致。	《危险化学品企业安全风险隐患排查治理导则》(应急〔2019〕78 号)4 装置运行安全风险隐患排查表(四)工艺运行管理第 1 条
14	未建立岗位操作记录，未对运行工况定时进行监测、检查，未及时处置工艺报警并记录。	《危险化学品企业安全风险隐患排查治理导则》(应急〔2019〕78 号)4 装置运行安全风险隐患排查表(四)工艺运行管理第 2 条
15	不满足"1. 可燃气体和有毒气体的检测报警信号应送至有人值守的现场控制室、中心控制室等进行显示报警。2. 操作人员和管理人员要对报警及处理情况做好记录，并定期对所发生的各种报警和处理情况进行分析"的规定要求。	《石油化工可燃气体和有毒气体检测报警设计标准》(GB/T 50493—2019)第 3.0.2 条；《关于加强化工企业泄漏管理的指导意见》(安监总管三〔2014〕94 号)第十九条
16	执行联锁管理制度不严格，不符合以下要求： 1. 现场联锁必须投用、完好； 2. 摘除联锁有审批手续，有安全措施； 3. 恢复联锁按规定程序进行。	《危险化学品企业安全风险隐患排查治理导则》(应急〔2019〕78 号)4 装置运行安全风险隐患排查表(四)工艺运行管理第 4 条
17	当工艺路线、控制参数、原辅料等发生变更时，未开展变更安全风险分析；变更后未对相关操作规程进行修订，并对相关人员进行培训。	《危险化学品企业安全风险隐患排查治理导则》(应急〔2019〕78 号)4 装置运行安全风险隐患排查表(四)工艺运行管理第 5 条
18	储罐开停车前，未进行安全风险辨识分析，未制定开停车方案，未编制安全措施和开停车步骤确认表。	《关于加强化工过程安全管理的指导意见》(安监总管三〔2013〕88 号)第十条

续表

序号	主要风险	检查依据
19	储罐装入液体石油产品时，未做到： 1. 罐内应进行充分脱水后，方可进料； 2. 不得对装有汽油等高挥发性产品的油罐直接切换注入低挥发性油品； 3. 在储罐变更收入油品时，应进行置换、清洗，置换、清洗后测定空气中的油气浓度，使之在安全规定范围内。	中国石油《轻质油品储罐技术导则》第3.5.3条和第3.8.1条
20	有关监测监控数据未全部接入全国危险化学品安全生产风险监测预警系统或未正常投用，包括： 1. 监测监控对象：构成重大危险源的罐区等。 2. 监测监控数据：主要包括企业重大危险源和重点部位的视频监控实时图像，企业重大危险源的重要监测数据和预警数据等。	
21	含硫汽油、柴油易产生硫化亚铁的储罐，未设置氮封或采取防腐措施。	中国石油《轻质油品储罐技术导则》第3.5.3条和第7.1.3条
22	储罐切水作业、安全风险较大的设备检维修等危险作业未制定相应的作业程序，或作业时未严格执行作业程序，切水作业过程中作业人员离开现场。	《危险化学品企业安全风险隐患排查治理导则》(应急〔2019〕78号)1安全基础管理安全风险隐患排查表(七)作业安全管理第6条
23	未建立易燃易爆、有毒危险化学品装卸作业时，装卸设施接口连接可靠性确认制度；装卸设施连接口存在磨损、变形、局部缺口、胶圈或垫片老化等缺陷。	《危险化学品企业安全风险隐患排查治理导则》(应急〔2019〕78号)4装置运行安全风险隐患排查表(七)储运系统安全设施第13条
24	危化品库房未按国家标准分区分类储存危险化学品，严禁超量、超品种储存危险化学品，严禁相互禁配物质混放混存。	《化工和危险化学品生产经营单位重大生产安全事故隐患判定标准(试行)》第二十条
25	检测内浮顶储罐浮盘上部气相空间可燃气体浓度，检测部位宜接近浮盘部位，但不符合以下要求： 1. 检测频次每季度不少于1次； 2. 内浮顶储罐浮盘上部气相空间可燃气体浓度大于储存介质爆炸下限的50%时，要进行安全评审，确是设备原因的要及时安排停运检修； 3. 检测工作应在储罐静态工况下进行； 4. 检测时应采取防中毒、防静电等必要的安全防护措施，确保作业及人员安全。	中国石油《轻质油品储罐技术导则》第7.6.2条

续表

序号	主要风险	检查依据
26	储罐不符合“应每半年进行1次罐底水质分析，对于石脑油、轻污油等含硫介质储罐宜每季度进行1次罐底水质分析。水质分析应包括pH值、硫含量、氯离子浓度、铁离子浓度等数据，为全面掌握储罐腐蚀状况提供依据”的要求。	中国石油《轻质油品储罐技术导则》第7.6.3条
27	防止人体静电的危害，不符合如下要求： 1. 作业人员应穿防静电工作服、防静电工作鞋。防静电工作服、防静电工作鞋应由有检测资质的单位进行检测，合格后方可着装。 2. 作业前作业人员利用静电消除器等泄放人体静电。 3. 作业中人员禁止穿脱衣服、鞋靴、安全帽，禁止梳头。	中国石油《轻质油品储罐技术导则》第7.7.1条
28	液体采样、检尺作业，不符合“应使用防静电型采样测温绳、防静电型检尺，作业时绳、尺末端应可靠接地或采取静电消除措施，不应猛提猛落，上升速度不应大于0.5m/s、下落速度不应大于1m/s。禁止使用化纤布擦拭采样器”的要求。	中国石油《轻质油品储罐技术导则》第7.7.2条
29	不符合“在收付油、循环或搅拌等工作过程中，禁止进行取样、检尺或测温等现场操作，且要确保标准规定的静置时间后方可进行上述操作”的要求。	
30	防静电采样绳不符合如下要求： 1. 采样绳以棉纤维为基材，掺入导电纤维，多股编绞而成。绳编织应均匀，无松捻，无磨损、擦伤、切割、断股和其他形式表面损坏，表面无污物和颜色异变现象。 2. 对新购置的防静电采样绳、防静电型检尺应由有检测资质的单位进行检测，合格后允许用于现场。防静电采样绳使用期限为3个月，禁止延期使用。 3. 防静电采样绳使用中发现有深色纤维脱色、磨损、断裂等异常情况时，应停止使用。	中国石油《轻质油品储罐技术导则》第7.7.2条
31	储罐清洗作业的防静电要求，不符合如下要求： 1. 作业前，引入储罐的氮气、水及蒸汽管线的喷嘴等金属部件应与作业储罐以及周围的金属体等电位连接并进行接地； 2. 氮气、蒸汽胶管应采用能导出静电的材质，严禁使用绝缘管； 3. 使用液体喷洗储罐或其他容器时，压力不得大于0.98MPa； 4. 严禁使用汽油、苯类等易燃溶剂对设备、器具进行吹扫和清洗。	中国石油《轻质油品储罐技术导则》第7.7.3条

续表

序号	主要风险	检查依据
32	储罐和工艺系统停用过程中，不符合“设备、管线低点的排放应按照顺序缓慢进行，并做好个人防护；设备、管线吹扫处理完毕后，要用盲板切断与其他系统的联系。抽堵盲板作业应在编号、挂牌、登记后按规定的顺序进行，并安排专人逐一进行现场确认”的要求。	《关于加强化工过程安全管理的指导意见》(安监总管三〔2013〕88号)第十条
33	库区岗位工艺纪律、操作纪律执行不严格，存在“不按照规定动作，有自选动作”的问题。	《危险化学品企业安全风险隐患排查治理导则》(应急〔2019〕78号)第4.8.4条
34	浮顶储罐运行中存在浮盘落底的隐患。	《化工(危险化学品)企业安全检查重点指导目录》(安监总管三〔2015〕113号)
35	应严格控制进退料速率，现场安排专人不间断巡检，监控有无泄漏等异常现象。	《关于加强化工过程安全管理的指导意见》(安监总管三〔2013〕88号)第十条

第十节　作业管理风险管控

一、重点风险提示

1）设备、管道检修时不执行动火检修制度，未办理动火证、检修证、未清洗置换彻底、违章检修，可能因违章动火引发火灾事故。

2）设备、管道检修时，若被检修的设备、管道未加盲板与系统进行有效隔离，在检修过程中，作业人员误操作打开了阀门或阀门内漏，物料泄漏，极易引发事故。

3）在密闭空间存在缺氧、高温、有毒有害等危险有害因素，若未按规定办理相关作业许可证即进行检修作业，安全措施不到位、作业时无人监护，极易发生中毒窒息并可能造成人员伤亡。

4）进行高处检修作业时，若存在平台及护栏不规范、作业人员未系安全带或安全绳、作业时精力不集中、不良气候条件下作业等情况，有发生高空坠落危险。

5）检修操作时，上下交叉作业，平台或楼梯无挡脚板，工具或其他物件不慎落下，会对下部人员造成高空落物打击伤害。

6）检修转动设备时，若因误操作电源产生误转动，安全措施不当，可对作业人员造成机械伤害。

7）检修作业时，操作人员若使用不合格的绝缘安全用具和防护用品、检修时安全技术措施不完善、检修结束人员未撤离即误送电或安全措施有误引起反送电、电工违章作业或由非电工进行作业，可能造成人员触电伤亡事故。

二、重点检查内容提示

1）检查作业许可管理制度或程序的建立和执行情况；

2）检查特殊作业的分级及管控程序是否符合 GB 30871—2022 的规定；

3）检查作业许可证审批之前是否实施作业风险评估并落实相关安全措施和要求；

4）特殊作业票是否按标准要求规范填写。

三、作业许可管理风险清单

作业许可管理风险清单见表 3-10。

表 3-10　作业许可管理风险清单

序号	主要风险	主要依据
1	未编制危险作业操作许可管理制度，或未及时转化《危险化学品企业特殊作业安全规范》（GB 30871—2022）的相关要求。其中，内浮顶储罐未及时转化《内浮顶储罐检修安全规范》（AQ 3058—2023）的相关要求。	《危险化学品企业安全风险隐患排查治理导则》（应急〔2019〕78 号）第 4.10.1 条
2	检查作业许可票作业内容与实际作业内容不符或超过有效期。	《危险化学品企业特殊作业安全规范》（GB 30871—2022）第 4.10 条
3	实施危险作业前，未开展安全风险分析、未对作业安全条件组织确认。	《危险化学品企业安全风险隐患排查治理导则》（应急〔2019〕78 号）第 4.10.2 条
4	实施危险作业前，作业人员对作业安全风险不了解；安全风险控制措施不掌握；预防和控制安全风险措施不落实。	《危险化学品企业安全风险隐患排查治理导则》（应急〔2019〕78 号）第 4.10.2 条
5	危险作业许可票证的审查确认及签发等不符合《危险化学品企业特殊作业安全规范》（GB 30871—2022）要求。	《危险化学品企业安全风险隐患排查治理导则》（应急〔2019〕78 号）第 4.10.3 条

续表

序号	主要风险	主要依据
6	作业前，对参加作业的人员的安全技术交底内容不规范，缺少如下内容： 1. 作业现场和作业过程中可能存在的危险、有害因素及采取的具体安全措施与应急措施； 2. 作业人员到现场应该了解和熟悉作业环境、核实安全措施的可靠性及熟悉应急救援器材的位置及分布； 3. 涉及断路和动土作业，未对地下隐蔽工程进行交底。	《危险化学品企业特殊作业安全规范》(GB 30871—2022)第4.4条
7	现场作业过程中，作业负责人和项目主管人员、安全监督人员未按规定现场监督检查。	《危险化学品企业安全风险隐患排查治理导则》(应急〔2019〕78号)第4.10.5条
8	作业审批人未在作业现场完成作业票的审批工作，未核查安全作业票中各项风险识别及管控措施落实情况。	《危险化学品企业特殊作业安全规范》(GB 30871—2022)第4.11条
9	危险作业许可制度内容缺失，尤其是动火、进入受限空间、动土、临时用电、高处作业、断路、吊装、抽堵盲板等特殊作业的安全条件确认和审批程序不完善。	《危险化学品企业安全风险隐患排查治理导则》(应急〔2019〕78号)1安全基础管理安全风险隐患排查表(七)作业安全管理第1条
10	特殊作业票证内容设置不符合《危险化学品企业特殊作业安全规范》(GB 30871—2022)要求。	《危险化学品企业安全风险隐患排查治理导则》(应急〔2019〕78号)
11	作业票证审批程序、填写不规范(包括作业票证的时限、气体分析、作业风险分析、安全措施、各级审批、验收签字、关联作业票证办理等)。	《危险化学品企业安全风险隐患排查治理导则》(应急〔2019〕78号)1安全基础管理安全风险隐患排查表(七)作业安全管理第2条
12	特殊作业现场未开具或存有作业许可票证开始作业，劳动防护用品佩戴不符合要求。	《危险化学品企业安全风险隐患排查治理导则》(应急〔2019〕78号)1安全基础管理安全风险隐患排查表(七)作业安全管理第4条
13	特殊作业现场岗位监护人员不具有生产(作业)实践经验，未经过相关的培训合格并取得监护合格证。	《危险化学品企业安全风险隐患排查治理导则》(应急〔2019〕78号)1安全基础管理安全风险隐患排查表(七)作业安全管理第5条；《危险化学品企业特殊作业安全规范》(GB 30871—2022)

续表

序号	主要风险	主要依据
14	监护人员未坚守岗位，或离开现场未收回作业许可票证，或从事与监护无关的事。	《危险化学品企业安全风险隐患排查治理导则》(应急〔2019〕78 号)1 安全基础管理安全风险隐患排查表(七)作业安全管理第 3 条
15	作业现场的设备、工器具不符合要求，未设置警戒线与警示标志，未配备消防设施与应急用品、器材等。	《危险化学品企业安全风险隐患排查治理导则》(应急〔2019〕78 号)1 安全基础管理安全风险隐患排查表(七)作业安全管理第 4 条
16	现场有“向油气储罐或与储罐连接管道中直接添加性质不明或能发生剧烈反应的物质”的作业。	《油气罐区防火防爆十条规定》(安监总政法〔2017〕15 号)
17	现场从事作业的特种作业人员未经过专门的安全技术培训并考核合格，或未取得《中华人民共和国特种作业操作证》就上岗作业。	《特种作业人员安全技术培训考核管理规定》(国家安全监管总局令第 80 号)第五条
18	培训不合格人员和无相关资质承包商进入油气罐区作业，未经许可的机动车辆及外来人员进入罐区作业。	《油气罐区防火防爆十条规定》(安监总政法〔2017〕15 号)
19	作业前，对设备、管线内介质有安全要求的特殊作业，未采取倒空、隔绝、清洗、置换等方式进行处理。	《危险化学品企业特殊作业安全规范》(GB 30871—2022)第 4.2 条
20	作业时使用的移动式可燃、有毒气体检测仪，氧气检测仪不符合 GB 15322 和 GB/T 50493—2019 的要求。	《危险化学品企业特殊作业安全规范》(GB 30871—2022)第 4.12 条
21	作业内容变更、作业范围扩大、作业地点转移或超过安全作业票有效期时，未重新办理安全作业票。	《危险化学品企业特殊作业安全规范》(GB 30871—2022)第 4.16 条
22	工艺条件、作业条件、作业方式或作业环境改变时，未重新进行作业危害分析，核对风险管控措施，重新办理安全作业票。	《危险化学品企业特殊作业安全规范》(GB 30871—2022)第 4.17 条
23	储罐机械清洗作业人员未经过机械清洗设备操作培训合格已上岗作业。	《储罐机械清洗作业规范》(SY/T 6696—2014)；《外浮顶原油储罐机械清洗安全作业要求》(AQ/T 3042—2013)第 4.1.1 条

续表

序号	主要风险	主要依据
24	储罐机械清洗作业人员不符合“患有深度近视、癫痫、高血压、过敏性气管炎、哮喘、心脏病等和年老体弱不适应清罐作业、职业禁忌者等，不得进入现场”的要求。	《外浮顶原油储罐机械清洗安全作业要求》(AQ/T 3042—2013)第4.1.2条
25	油罐机械清洗不具备如下能力： 1. 对油品的抽吸、升压、换热、喷射能力。 2. 用惰性气体对清洗罐内气体置换能力。 3. 对清洗罐内的可燃气、氧气、硫化氢气体监测能力。 4. 热水清洗过程中的回收油品能力。 5. 热水清洗结束后的污水处理能力。	《储罐机械清洗作业规范》(SY/T 6696—2014)；《外浮顶原油储罐机械清洗安全作业要求》(AQ/T 3042—2013)第4.1.3条
26	清洗作业现场未设置警戒线、禁止启动、禁止携带金属物和手表、禁止非防静电服装等安全标识，或未设有专人负责监护。	《储罐机械清洗作业规范》(SY/T 6696—2014)；《外浮顶原油储罐机械清洗安全作业要求》(AQ/T 3042—2013)第4.2.2条
27	在爆炸危险区域的0、1、2区作业未使用符合要求的防爆电器、防爆通信工具和防爆工具。	《储罐机械清洗作业规范》(SY/T 6696—2014)；《外浮顶原油储罐机械清洗安全作业要求》(AQ/T 3042—2013)第4.2.3条
28	罐内可燃气浓度大于或等于爆炸下限的10%时，未停止罐内人员作业，并未及时撤出罐外。	《储罐机械清洗作业规范》(SY/T 6696—2014)；《外浮顶原油储罐机械清洗安全作业要求》(AQ/T 3042—2013)第4.2.7条
29	机械清洗现场作业人员未配备符合国家标准的劳动防护用品和应急救援器具，如防静电鞋、防静电阻燃型服装和防静电手套，安全帽、面罩、护目镜、安全带、应急照明灯、过滤式和正压式呼吸器等。	《储罐机械清洗作业规范》(SY/T 6696—2014)；《外浮顶原油储罐机械清洗安全作业要求》(AQ/T 3042—2013)第4.3.1条
30	残油移送过程中和热水清洗过程中，清洗罐内的氧气浓度不符合“应控制在8%以下”的要求。	《储罐机械清洗作业规范》(SY/T 6696—2014)；《外浮顶原油储罐机械清洗安全作业要求》(AQ/T 3042—2013)第5.11.4条和第5.12.5条
31	作业人员进罐作业时，不符合“应佩戴呼吸器，应每30min轮换1次作业人员”的要求。	《储罐机械清洗作业规范》(SY/T 6696—2014)；《外浮顶原油储罐机械清洗安全作业要求》(AQ/T 3042—2013)第5.13.9条

续表

序号	主要风险	主要依据
32	储罐内清罐，未使用防爆工具清理和盛装罐底的残留物。	《储罐机械清洗作业规范》（SY/T 6696—2014）；《外浮顶原油储罐机械清洗安全作业要求》（AQ/T 3042—2013）第5.13.10条
33	作业人员进罐作业，未在清洗罐人孔等处安装防爆轴流风机，进行机械通风。	《储罐机械清洗作业规范》（SY/T 6696—2014）；《外浮顶原油储罐机械清洗安全作业要求》（AQ/T 3042—2013）第5.13.3条
34	伸入清洗罐内的空气、水、蒸汽管线的喷嘴或金属部分，未与油罐座等电位电气连接。	《储罐机械清洗作业规范》（SY/T 6696—2014）；《外浮顶原油储罐机械清洗安全作业要求》（AQ/T 3042—2013）第5.13.13条
35	遇节假日、公休日、夜间或其他特殊情况，动火作业未升级管理。	《危险化学品企业特殊作业安全规范》（GB 30871—2022）第5.1.1条
36	如未按照《成品油库内浮顶储罐检修安全管理工作指南》编制油库内浮顶储罐检修安全管理细则。	国家应急管理部《内浮顶储罐检修安全规范》相关要求

第十一节　设备设施完好性管理风险管控

设备设施完好性管理是指对设备设施从设计、采购、制造、安装到使用、维护保养、检验检测、维修、停用、拆除、报废各个阶段全生命周期活动的管理，以保证设备设施均能处于有效、可靠的工作状态。设备设施完整性需要通过以下做法实现：

1）设计阶段应能保证正确的设计、选型，可结合设计阶段的风险分析执行；

2）建立有效的采购控制程序，确保采购设备设施满足设计要求，包括备品备件；

3）施工阶段的设备设施需要合格的制造与安装，并配以相关的验收制度；

4）建立设备拆除、停用、闲置和报废程序，明确拆除的安全要求和报废的标准。

一、重点风险提示

1）检查设备设施管理制度的建立及执行情况；

2）检查设备台账的建立及维护情况；

3）检查设备的预防性维修和定期检测情况；

4）检查设备的防泄漏管理情况；

5）检查安全泄压设施的管理情况。

二、设备设施完好性管理风险清单

设备设施完好性管理风险清单见表3-11。

表3-11 设备设施完好性管理风险清单

序号	主要风险	检查依据
1	企业未建立健全设备设施管理制度（至少应包含设备采购验收、动设备管理、静设备管理、备品配件管理、防腐蚀防泄漏管理、检维修、巡回检查、保温、设备润滑、设备台账管理、日常维护保养、设备检查和考评办法、设备报废、设备安全附件管理等的管理内容）。	《危险化学品企业安全风险隐患排查治理导则》（应急〔2019〕78号）5设备安全风险隐患排查表（一）设备设施管理体系的建立与执行第1条
2	未按计划对储罐进行全面检验，对检验出不能满足安全生产的问题和超标缺陷未制定修理方案，或未按方案进行修理施工。	中国石油《轻质油品储罐技术导则》第9.4.2条
3	对防爆电气设备、线路检查和维护管理不规范，未开展电源系统安全可靠性分析和安全风险评估工作。	《危险化学品企业安全风险隐患排查治理导则》（应急〔2019〕78号）第4.9.2条
4	关键设备、连续监测（查）检查仪表未定期检测检查。	《危险化学品企业安全风险隐患排查治理导则》（应急〔2019〕78号）第4.9.4条
5	未对新（改、扩）建储罐和大修储罐的仪表自动化控制系统投用前及长期停用后的再次启用前进行检查确认。	《危险化学品企业安全风险隐患排查治理导则》（应急〔2019〕78号）第4.9.2条
6	未编制电气设备设施操作、维护、检修等管理制度。	《危险化学品企业安全风险隐患排查治理导则》（应急〔2019〕78号）7电气安全风险隐患排查表（一）电气安全管理第1条
7	未建立仪表自动化控制系统安全管理、日常维护保养等制度。	《危险化学品企业安全风险隐患排查治理导则》（应急〔2019〕78号）6仪表安全风险隐患排查表（一）仪表安全管理第1条

续表

序号	主要风险	检查依据
8	1. 未建立安全联锁保护系统停运、变更专业会签和技术负责人审批制度。 2. 联锁保护系统的管理不满足如下要求： (1)联锁逻辑图、定期维修校验记录、临时停用记录等技术资料齐全； (2)对工艺和设备联锁回路定期调试； (3)联锁保护系统(设定值、联锁程序、联锁方式、取消)变更办理审批手续； (4)联锁摘除和恢复办理工作票，有部门会签和领导签批手续； (5)摘除联锁保护系统有防范措施及整改方案。	《危险化学品企业安全风险隐患排查治理导则》(应急〔2019〕78 号)6 仪表安全风险隐患排查表(一)仪表安全管理第 6 条
9	库区未配备设备专业管理人员，设备维修维护人员未经过培训。	《危险化学品企业安全风险隐患排查治理导则》(应急〔2019〕78 号)5 设备安全风险隐患排查表(一)设备设施管理体系的建立与执行第 2 条
10	未就 SIS 功能和操作对操作员、维护人员所在领域内进行培训。	《过程工业领域安全仪表系统的功能安全 第 1 部分：框架、定义、系统、硬件和应用编程要求》(GB/T 21109.1—2022)第 16.2.4 条和第 16.2.5 条
11	未对所有设备进行编号，建立设备台账、技术档案和备品配件管理制度，并编制设备操作和维护规程。	《关于加强化工过程安全管理的指导意见》(安监总管三〔2013〕88 号)第十六条
12	未对动静设备定期进行巡回检查，并建立设备定期检查记录。	《危险化学品企业安全风险隐患排查治理导则》(应急〔2019〕78 号)5 设备安全风险隐患排查表(一)设备设施管理体系的建立与执行第 5 条
13	未建立健全仪表检查、维护、使用、检定等各类台账及仪表巡检记录。	《仪表安全管理建议》
14	仪表调试、维护及检测记录不齐全，主要包括： 1. 仪表定期校验、回路调试记录； 2. 检测仪表和控制系统检维护记录； 3. 按照符合安全完整性要求的检验测试周期，对安全仪表功能进行定期全面检验测试，并详细记录测试过程和结果。	《危险化学品企业安全风险隐患排查治理导则》(应急〔2019〕78 号)6 仪表安全风险隐患排查表(一)仪表安全管理第 3 条；《关于加强化工安全仪表系统管理的指导意见》(安监总管三〔2014〕116 号)第七条
15	新(改、扩)建储罐和大修储罐的仪表自动化控制系统投用前、长期停用的仪表自动化控制系统再次启用前，未进行检查确认。	《关于加强化工过程安全管理的指导意见》(安监总管三〔2013〕88 号)第十六条

续表

序号	主要风险	检查依据
16	控制系统管理不满足以下要求： 1. 控制方案变更办理审批手续（核实是否详细记录变更的内容与位置，是否进行了风险分析，审批程序是否符合制度要求）； 2. 控制系统故障处理、检修及组态修改记录应齐全； 3. 控制系统建立有应急预案。	《危险化学品企业安全风险隐患排查治理导则》（应急〔2019〕78 号）6 仪表安全风险隐患排查表（一）仪表安全管理第 5 条
17	对出现异常状况的设备设施未及时处置，设备带病运行。	《危险化学品企业安全风险隐患排查治理导则》（应急〔2019〕78 号）5 设备安全风险隐患排查表（一）设备设施管理体系的建立与执行第 6 条
18	对罐区设备设施未定期检查检测，设备台账记录不完整，无法验证和确保储罐管线阀门、机泵等设备设施完好。	《关于进一步加强化学品罐区安全管理的通知》（安监总管三〔2014〕68 号）第二条（四）
19	对重点检修项目未编制检维修方案，方案内容不满足“应包含作业安全分析、安全风险管控措施、应急处置措施及安全验收标准”的要求。	《危险化学品企业安全风险隐患排查治理导则》（应急〔2019〕78 号）5 设备安全风险隐患排查表（二）设备的预防性维修和检测第 2 条
20	对易腐蚀的设备、管道未开展防腐蚀监测，监测壁厚减薄情况，未及时发现并更换存在事故隐患的设备。	《危险化学品企业安全风险隐患排查治理导则》（应急〔2019〕78 号）第 4. 9. 4 条
21	未定期对涉及泄漏后果严重的部位（如管道、设备、机泵等动、静密封点）进行泄漏检测，或对泄漏部位未及时维修或更换。	《危险化学品企业安全风险隐患排查治理导则》（应急〔2019〕78 号）5 设备安全风险隐患排查表（二）设备的预防性维修和检测第 8 条
22	储罐修理时新焊接焊缝的外观质量、无损检测和严密性试验不符合《石油化工立式圆筒形钢制储罐施工技术规程》（SH/T 3530—2011）、《立式圆筒形钢制焊接储罐施工规范》（GB 50128—2014）的要求。	《石油化工立式圆筒形钢制储罐施工技术规程》（SH/T 3530—2011）、《立式圆筒形钢制焊接储罐施工规范》（GB 50128—2014）的要求
23	不符合“内浮顶罐的浮顶（浮盘）大修或更新后，原则上应进行充水试验，在充水和放水时检查浮顶（浮盘）的升降是否均匀平稳、密封和导向部分有无卡涩、浮顶有无渗漏、排水装置是否泄漏等”的要求。	中国石油《轻质油品储罐技术导则》第 9. 5. 1 条
24	对储罐呼吸阀（液压安全阀）、阻火器、泡沫发生器、液位计、通气管等安全附件未定期检查或检测，未及时填写检查维护记录。	《危险化学品企业安全风险隐患排查治理导则》（应急〔2019〕78 号）5 设备安全风险隐患排查表（四）设备的管理第 2 条

续表

序号	主要风险	检查依据
25	未建立设备安全附件台账。或台账信息不满足“至少包括附件名称、设备编号、规格型号、生产厂家、安装时间、安装位置等信息”的要求。	《危险化学品企业安全风险隐患排查治理导则》(应急〔2019〕78 号)5 设备安全风险隐患排查表(五)安全附件的管理第 1 条
26	未对监视和测量设备进行规范管理，未建立监视和测量设备台账，未定期进行校准和维护，未保存校准和维护活动的记录。	《危险化学品从业单位安全标准化通用规范》(AQ 3013—2008)第 5.5.2.5 条
27	安全阀、压力表等附件未定期检验并在有效期内使用。	《危险化学品企业安全风险隐患排查治理导则》(应急〔2019〕78 号)5 设备安全风险隐患排查表(五)安全附件的管理第 3 条
28	未建立设备报废和拆除程序，以明确报废的标准和拆除的安全要求。	《化工过程安全管理导则》(AQ/T 3034—2022)第 4.7.3 条
29	储罐定期检验不符合如下要求： 1. 在用储罐要进行定期检验，定期检验分为外部检查和全面检验。外部检查每年最少应进行 1 次，全面检验应结合清罐与修理进行。 2. 储罐基础沉降观测：罐容大于或等于 $20000m^3$ 的储罐每年春秋 2 次进行基础沉降观测并归档；罐容小于 $20000m^3$ 的储罐根据运行情况决定是否进行基础沉降观测。	中国石油《轻质油品储罐技术导则》第 9.2.1 条和第 9.2.2 条
30	日常维护保养不满足“修复破损变形的二次密封，确保其与罐壁紧密贴合；清除一次、二次密封腔内的杂物及油蜡，修复二次密封承压板贴合不紧密及变形部位；导静电片应与罐壁紧密贴合，相邻承压板经典跨接线无断裂”。	《立式圆筒形钢制焊接油罐运行维护修理规范》(SY/T 5921—2024)第 5.2.10 条
31	储罐储存含硫量较高、易产生 FeS 自燃的油品未设置氮封设施。	中国石油《轻质油品储罐技术导则》第 7.4.1 条
32	清罐作业未明确两个界面，或不满足如下规定： 1. 界面交接必须有储罐属地单位的安全环保、设备、生产、储罐清理施工单位管理人员参加，确认达到交接条件并填写界面交接单。 2. 储罐清理结束后必须有储罐属地单位的安全环保、设备、生产、储罐清理施工单位、下一工序施工单位相关人员参加，确认达到交接条件并填写界面交接单。	中国石油《轻质油品储罐技术导则》第 8.3.1 条和第 8.3.2 条

第十二节 储罐投用前安全检查管理风险管控

一、重点风险提示

储罐进油前安全检查是对新建或维修、变更过的工艺设备进行投运前系统、全面的最终检查，确认均满足相关标准或规范要求，发现并消除缺陷，保证进油过程及后期工艺设备的稳定运行。

二、重点检查内容提示

1）检查进油前安全检查的全面性和有效性；

2）检查重点设备的压力试验、充水试验、泄漏试验等工作开展情况；

3）检查进料前相关操作规程、工艺卡片、应急预案等文件的编制情况；

4）检查动设备的单机试车和自控设备的调试、测试情况。

三、投用前安全检查管理风险清单

投用前安全检查管理风险清单见表3-12。

表3-12 投用前安全检查管理风险清单

序号	主要风险	主要依据
1	储罐投用前未涵盖工艺技术、设备、安全环保、应急响应、消防、人员等方面全部专业内容。	中国石油《轻质油品储罐技术导则》第6.3.2条
2	生产技术专业检查未涵盖如下要点： 1. 工艺安全信息(危险化学品安全技术说明书、工艺设备设计依据等)已归档。 2. 操作规程、投用方案、工艺指标已经过批准确认。 3. 工艺危害分析或HAZOP分析已完成，提出建议措施已完成。 4. 工艺技术变更，包括工艺或仪表图纸的更新，已经过批准并记录在案。 5. 生产操作记录已按要求建立。	中国石油《轻质油品储罐技术导则》第6.3.3条
3	设备专业检查未涵盖如下要点： 1. 工艺设备符合设计规范和安装标准。 2. 设备运行、检维修、维护的记录已按要求建立。 3. 所有保证工艺设备安全运行的技术文件准备就绪。 4. 设备变更引起的风险已得到分析，操作规程、应急预案已得到更新。 5. 工艺设备标识符合要求。	中国石油《轻质油品储罐技术导则》第6.3.4条

续表

序号	主要风险	主要依据
4	安全环保专业检查未涵盖如下要点： 1. 安全环保设施符合设计规范和安装标准要求。 2. 控制排放的设备可以正常工作。 3. 应急预案、应急物资等满足安全要求。	中国石油《轻质油品储罐技术导则》第6.3.5条
5	消防专业检查未涵盖如下要点： 1. 消防系统已符合设计规范。 2. 消防设施、可燃气体及有毒气体的检测设施等系统功能测试已经合格。	中国石油《轻质油品储罐技术导则》第6.3.6条
6	1. 检查过程中所发现的问题，未确定为必改项、待改项，未针对必改项、待改项提出整改要求，进行跟踪验证。 2. 所有必改项未整改完成及所有待改项未落实监控措施和整改计划，储罐就开始投用。	中国石油《轻质油品储罐技术导则》第6.3.8条和第6.3.9条
7	储罐投用条件确认，未确认如下内容： 1. 确认储罐及其附件完好正常。 2. 确认消防系统完好，消防气防器材配置到位。 3. 确认储罐液位、温度、高低液位报警和可燃气报警仪完好，并处于投用状态。 4. 按盲板方案确认盲板状态正确。 5. 确认工艺阀门开关灵活，具备投用条件。 6. 确认工艺流程符合生产要求。	中国石油《轻质油品储罐技术导则》第6.4.1条
8	成品油储罐投用不符合如下要求： 1. 储罐投用前，首先进行氮气置换，检测罐内氧含量小于8%(v/v)为合格。 2. 氮封罐收油前，首先投用氮封系统，直至罐内氧气含量符合要求。 3. 油罐首次进油有条件的应从同品种储罐缓慢压入，收油流速不应高于1.0m/s，直至达到低低液位。 4. 液位达到低低液位前进油管线流速不应高于1.0m/s。 5. 当储罐液位高于低低液位后，可根据生产实际调整收油方式，但收油管线流速不高于4.0m/s。	中国石油《轻质油品储罐技术导则》第6.4.2条
9	储罐投用过程中的检查缺少如下内容： 1. 检查浮顶罐浮盘升浮正常，拱顶罐呼吸阀工作正常。 2. 储罐投用过程中检查各仪表显示正常。	中国石油《轻质油品储罐技术导则》第6.4.3条

续表

序号	主要风险	主要依据
10	建设项目试生产前，油库或总承包商未及时组织开展“三查四定”（三查：查设计漏项、查工程质量、查工程隐患；四定：整改工作定任务、定人员、定时间、定措施），未确认工艺危害分析报告中的改进措施和安全保障措施已经落实。	《关于加强化工过程安全管理的指导意见》（安监总管三〔2013〕88号）第十五条
11	油库或总承包商未编制总体试生产方案和专项试车方案、未明确试生产条件，未对相关参与人员进行方案交底。	《危险化学品企业安全风险隐患排查治理导则》（应急〔2019〕78号）3 试生产管理安全风险隐患排查表第3条
12	建设项目试生产前，油库未完成工艺流程图、操作规程、工艺卡片、工艺和安全技术规程、事故处理预案、化验分析规程、主要设备运行规程、电气运行规程、仪表及计算机运行规程、联锁整定值等生产技术资料、岗位记录表和技术台账的编制工作。	《关于加强化工过程安全管理的指导意见》（安监总管三〔2013〕88号）第十四条
13	建设项目试生产前油库未对所有参加试车人员进行培训。	《危险化学品企业安全风险隐患排查治理导则》（应急〔2019〕78号）3 试生产管理安全风险隐患排查表第7条
14	在完成全部单机试车、系统清洗、吹扫，工程中间验收交接后，转入联动试车阶段。联动试车时不符合如下要求： 1. 安全卫生、消防设施和气防器材、有毒有害可燃气体报警、电视监控、防护设施状态完好。 2. 仪表系统调校完毕，准确可靠；仪表报警和联锁值整定完毕。 3. 对安全仪表系统审查和联合确认完毕，满足安全功能和完整性要求。	《危险化学品生产建设项目安全风险防控指南（试行）》（应急〔2022〕52号）第9.3.6条
15	建设项目竣工投入生产或者使用前，未组织对安全设施进行验收，作出是否通过验收的结论。验收合格后，未申请取得安全生产（使用）许可，就投入生产和使用。	《危险化学品生产建设项目安全风险防控指南（试行）》（应急〔2022〕52号）第10.3条

第十三节　变更管理风险管控

一、主要风险提示

变更管理是指对工艺、设备、仪表、电气、公用工程、化学品、生产组织方式和人员等永久性或暂时性的变更进行有计划的控制，确保变更带来的危害得到充分识别，风险得到有效控制，相关过程安全信息得到更新，相关人员得到培训或告知，做到所有变更均可追溯。

二、重点检查内容提示

1）检查变更管理制度或程序的制定、执行情况；
2）检查变更管理范围的完善性；
3）检查变更风险评估的执行性和有效性；
4）检查现场是否存在变更项未执行变更管理程序的情形；
5）检查现场的相关变更是否均采取了可靠的安全控制措施；
6）检查连带变更的执行性，特别是涉及变更的操作规程、流程图纸、设备台账、工艺卡片、人员培训等。

三、变更管理风险清单

变更管理风险清单见表 3-13。

表 3-13　变更管理风险清单

序号	主要风险	主要依据
1	未建立变更管理制度，以明确不同部门的变更管理职责及变更的类型、范围、程序等变更相关的要求。	《危险化学品企业安全风险隐患排查治理导则》（应急〔2019〕78号）1 安全基础管理安全风险隐患排查表（六）变更管理第 1 条
2	变更管理制度中，未对变更带来的风险和对生产运行要求的变化、安全生产信息的更新及对相关人员的培训、变更管理档案做出明确规定。	《危险化学品企业安全风险隐患排查治理导则》（应急〔2019〕78号）第 4. 12. 2 条
3	在工艺、设备、仪表、电气、公用工程、备件、材料、化学品、生产组织方式和人员等方面发生的所有变化，未纳入变更管理。	《关于加强化工过程安全管理的指导意见》（安监总管三〔2013〕88号）第二十二条
4	企业的所有变更未严格履行申请、审批、实施、验收程序。	《危险化学品企业安全风险隐患排查治理导则》（应急〔2019〕78号）1 安全基础管理安全风险隐患排查表（六）变更管理第 3 条
5	未对每项变更在实施后可能产生的安全风险进行全面的分析，制定并落实安全风险管控措施。	《危险化学品企业安全风险隐患排查治理导则》（应急〔2019〕78号）1 安全基础管理安全风险隐患排查表（六）变更管理第 4 条

续表

序号	主要风险	主要依据
6	变更后未对相关规程、图纸资料等安全生产信息进行更新，未对相关人员进行培训，以掌握变更内容、安全生产信息更新情况、变更后可能产生的安全风险及采取的管控措施。	《危险化学品企业安全风险隐患排查治理导则》(应急〔2019〕78号)1安全基础管理安全风险隐患排查表(六)变更管理第5条
7	企业未建立健全变更记录管理档案。	《危险化学品企业安全风险隐患排查治理导则》(应急〔2019〕78号)1安全基础管理安全风险隐患排查表(六)变更管理第6条

第十四节　事故事件管理风险管控

一、重点风险提示

1）事故事件管理是基于对发生的事故事件进行系统、全面的调查，掌握事故事件发生的经过和原因，并提出和落实改进措施。其主要目的是找到事故事件发生的根本原因，并对管理体系进行修正和完善，以杜绝类似事故事件的再次发生。

2）应制定事故报告、调查和处理管理制度；按照规定程序及时、准确报告，无迟报、瞒报、谎报，记录或台账完整、准确。

3）针对事故事件管理原因有针对性地制定整改措施，应包括技术措施、管理措施、教育培训措施，并及时修订涉及的管理制度和工作流程；对整改措施落实情况进行监督核查，确保措施的落实。

4）相关人员清楚事故教训和防范措施，事故责任人得到处理；员工受到警示教育。

5）收集并分享内外部相关事故资源，采取相应的纠正和预防措施。

6）建立事故事件档案，内容齐全、完整，并得到及时的分享。

二、重点检查内容提示

1）检查企业事故事件管理制度制定和执行情况；

2）检查企业事故事件台账的建立及有效性；

3）检查企业事故事件原因分析的准确性和根本原因分析；

4）检查企业事故事件防范措施和建议的落实、执行情况。

三、事故事件管理风险清单

事故事件管理风险清单见表 3-14。

表 3-14　事故事件管理风险清单

序号	主要风险	主要依据
1	生产经营单位发生生产安全事故，经调查确定为责任事故的，对有失职、渎职行为的，未依照规定追究法律责任。	《中华人民共和国安全生产法》第八十七条
2	未收集同类企业安全事故及事件的信息，未吸取教训和开展员工培训。	《危险化学品企业安全风险隐患排查治理导则》(应急〔2019〕78 号)1 安全基础管理安全风险隐患排查表(九)安全事故事件管理第 2 条
3	未建立安全事故事件管理制度，未明确安全事故事件的报告、调查和防范措施制定、跟踪落实等要求。	《危险化学品企业安全风险隐患排查治理导则》(应急〔2019〕78 号)1 安全基础管理安全风险隐患排查表(九)安全事故事件管理第 1 条
4	未将涉险事故、未遂事故等安全事件(如生产事故征兆、非计划停工、异常工况、泄漏、轻伤等)纳入安全事故事件管理。	《危险化学品企业安全风险隐患排查治理导则》(应急〔2019〕78 号)1 安全基础管理安全风险隐患排查表(九)安全事故事件管理第 1 条
5	未建立安全事故事件管理档案。	《危险化学品企业安全风险隐患排查治理导则》(应急〔2019〕78 号)1 安全基础管理安全风险隐患排查表(九)安全事故事件管理第 3 条
6	未深入调查分析安全事件，找出发生的根本原因；安全事件未制定有针对性和可操作性的整改、预防措施。	《危险化学品企业安全风险隐患排查治理导则》(应急〔2019〕78 号)1 安全基础管理安全风险隐患排查表(九)安全事故事件管理第 4 条
7	事故发生后，未妥善保护事故现场以及相关证据，因抢救人员、防止事故扩大以及疏通交通等原因，需要移动事故现场物件的，未做出标志、绘制现场简图并做出书面记录，妥善保存现场重要痕迹、物证。	《生产安全事故报告和调查处理条例》第十六条
8	企业负责人接到事故报告后，未迅速采取有效措施，组织抢救；未立即如实报告当地负有安全生产监督管理职责的部门。	《中华人民共和国安全生产法》第八十三条

第十五节 应急管理风险管控

一、主要风险提示

1）油库应制定应急管理制度，明确应急工作检查、考核及奖惩要求。

2）油库应建立应急组织机构，明确应急组织机构的应急职责、权限和职责分工。

3）油库应针对所确定的突发事件，建立相应的应急救援预案，进行审核和评审，向主管部门、地方政府备案，应定期开展应急演练活动。

4）建立应急物资清单，应急物资应符合生产作业现场应急物资配备选用指南，并及时补充更新应急物资清单。

5）定期对应急管理进行管理评审，发现不足，制定改进和完善措施，予以落实。

二、重点检查内容提示

1）检查企业应急指挥系统的建立及运行情况；

2）检查企业应急预案的编制、培训及演练情况；

3）检查应急预案的事故场景设定是否符合企业实际；

4）检查应急资源的配备及管理情况。

三、应急管理风险清单

应急管理风险清单见表 3-15。

表 3-15 应急管理风险清单

序号	主要风险	主要依据
1	企业未按照 GB/T 29639 的要求编制综合应急预案、专项应急预案、现场处置方案和应急处置卡。未参照 GB/T 38315—2019 的要求编制灭火和应急疏散预案。	《社会单位灭火和应急疏散预案编制及实施导则》（GB/T 38315—2019）第 1 条；《生产安全事故应急预案管理办法》（国家安全生产监督管理总局令第 88 号公布，根据应急管理部令第 2 号修正）第六条和第十九条
2	1. 未每 3 年进行 1 次应急预案评估；或未对应急预案是否需要修订作出结论； 2. 与邻近的应急救援队伍未签订应急救援协议。	《生产安全事故应急条例》（国务院令第 708 号）第六、十条；《生产安全事故应急预案管理办法》（国家安全生产监督管理总局令第 88 号公布，根据应急管理部令第 2 号修正）第三十五条和第三十六条

续表

序号	主要风险	主要依据
3	未定期组织开展应急预案、应急知识、自救互救和避险逃生技能的培训活动，使有关人员了解应急预案内容，熟悉应急职责、应急处置程序和措施。	《生产安全事故应急预案管理办法》(国家安全生产监督管理总局令第88号公布，根据应急管理部令第2号修正)第三十一条
4	未制订本单位的应急预案演练计划，重大危险源包保责任人未参加预案演练。	《生产安全事故应急条例》(国务院令第708号)第八条；《应急管理部办公厅关于印发危险化学品企业重大危险源安全包保责任制办法(试行)的通知》(应急厅〔2021〕12号)
5	现场处置方案缺少演练记录，未按演练计划组织演练，或未评价演练效果(评价应急救援预案的充分性和有效性，并形成记录)。	《生产安全事故应急预案管理办法》(国家安全生产监督管理总局令第88号公布，根据应急管理部令第2号修正)第三十三条和第三十四条
6	未建立应急指挥系统，未建立应急救援队伍；未明确各级应急指挥系统和救援队的职责。	《危险化学品从业单位安全标准化通用规范》(AQ 3013—2008)第5.9.4.1条、第5.9.4.2条、第5.9.4.3条
7	1. 消防控制室值班人员未持有消防控制室操作职业资格证书； 2. 操作人员对消防设施的操作使用不熟练； 3. 岗位员工佩戴空气呼吸器不熟练，或步骤不符合要求。	《消防控制室通用技术要求》(GB 25506—2010)第4.2.1条
8	库区专职消防队未定期组织训练和灭火演练，消防装备配备和灭火药剂储备不符合规定。	《国务院办公厅关于印发消防安全责任制实施办法的通知》(国办发〔2017〕87号)第十五条
9	未按照《生产安全事故应急预案管理办法》(应急管理部令第2号)第二十六条的规定将应急预案报政府有关部门备案。	《生产安全事故应急预案管理办法》(应急管理部令第2号)第二十六条
10	不满足“每年至少组织1次综合应急预案演练或者专项应急预案演练，每半年至少组织1次现场处置方案演练”的要求。	《生产安全事故应急预案管理办法》(应急管理部令第2号)第三十三条
11	不满足“应急预案演练结束后，应急预案演练组织单位应当对应急预案演练效果进行评估，撰写应急预案演练评估报告，分析存在的问题，并对应急预案提出修订意见”的要求。	《生产安全事故应急预案管理办法》(应急管理部令第2号)第三十四条

续表

序号	主要风险	主要依据
12	应急预案编制完成后，未组织内部评审和外部评审，内部评审由油库主要负责人组织有关部门和人员进行。外部评审由油库组织外部有关专家和人员进行。应急预案评审合格后，未由企业主要负责人(或分管负责人)签发实施。	《生产经营单位生产安全事故应急预案编制导则》(GB/T 29639—2020)第4.7条
13	未根据油库的组织管理体系、生产规模、危险源的性质以及可能发生的事故类型确定应急预案体系，未根据本单位的实际情况编制专项应急预案和应急处置方案。	《生产经营单位生产安全事故应急预案编制导则》(GB/T 29639—2020)第5.1条
14	现场处置方案不涵盖事故风险分析、应急工作职责、应急处置和注意事项等内容。	《生产经营单位生产安全事故应急预案编制导则》(GB/T 29639—2020)第5.4条
15	未根据事故类型，明确应急指挥机构总指挥、副总指挥以及各成员单位或人员的具体职责。应急指挥机构设置相应的应急救援工作小组，未明确各小组的工作任务及主要负责人职责。	《生产经营单位生产安全事故应急预案编制导则》(GB/T 29639—2020)第7.2条
16	事故风险分析不涵盖如下全部内容： 1. 事故类型； 2. 事故发生的区域、地点或储罐的名称； 3. 事故的危害严重程度及其影响范围； 4. 事故可能出现的征兆； 5. 事故可能引发的次生、衍生事故。	《生产经营单位生产安全事故应急预案编制导则》(GB/T 29639—2020)第8.1条
17	应急处置不涵盖以下全部内容： 1. 事故应急处置程序。根据可能发生的事故及现场情况，明确事故报警、各项应急措施启动、应急救护人员的引导、事故扩大及同生产经营单位应急预案的衔接的程序。 2. 现场应急处置措施。针对可能发生的火灾、爆炸、危险化学品泄漏、坍塌、水患、机动车辆伤害等，从人员救护、工艺操作、事故控制，消防、现场恢复等方面制定明确的应急处置措施。 3. 明确报警负责人以及报警电话及上级管理部门、相关应急救援单位联络方式和联系人员，事故报告基本要求和内容。	《生产经营单位生产安全事故应急预案编制导则》(GB/T 29639—2020)第8.3条

续表

序号	主要风险	主要依据
18	事故应急预案中列出的应急工作中，需要联系的部门、机构或人员的多种联系方式发生变化时未及时进行更新。	《生产经营单位生产安全事故应急预案编制导则》（GB/T 29639—2020）第 9.1 条
19	事故应急预案中未列出应急涉及的主要物资和装备名称、型号、性能、数量、存放地点、运输和使用条件、管理责任人和联系电话等。	《生产经营单位生产安全事故应急预案编制导则》（GB/T 29639—2020）第 9.2 条

第十六节　环保管理风险管控

一、主要风险提示

1）油库储存、收发油品过程中油气排放控制、恶臭污染物监测和监督管理要满足《中华人民共和国环境保护法》《中华人民共和国大气污染防治法》等相关法规要求。

2）储油库排放水污染物、环境噪声应满足国家污染物排放标准。

3）对固体废物的鉴别、处理和处置要满足相应的国家固体废物污染控制标准。

4）按照要求环保应急预案应报备政府环境保护备档，并定期演练、持续更新应急预案；预案相关内容告知周边受影响区域的企业和居民等。

二、重点检查内容提示

1）检查油库环保应急指挥系统的建立及运行情况；

2）检查油库环保应急预案的编制、培训及演练情况；

3）检查油气排放控制、恶臭污染物监测，排放水污染物、环境噪声和固体废物管理是否符合国家法律和规范；

4）检查环保应急资源的配备及环保设施的运行管理情况。

三、环保管理风险清单

环保管理风险清单见表 3-16。

表 3-16 环保管理风险清单

序号	主要风险	主要依据
1	浮顶罐运行不满足如下要求： 1. 浮盘附件的开口（孔），除采样、计量、例行检查、维护和其他正常活动外，应密闭；浮盘边缘密封不应有破损。 2. 自动通气阀在浮盘处于漂浮状态时应关闭且密封良好，仅在浮盘处于支座支撑状态时可开启。 3. 支柱、导向装置等储罐附件穿过浮盘时，其套筒底端应插入油品中并采取密封措施。	《储油库大气污染物排放标准》（GB 20950—2020）第 4.2.2 条
2	库区油气处理装置未执行规定的排放限值（NMHC≤25g/m^3，处理效率≥95%），存在稀释排放的问题。	《储油库大气污染物排放标准》（GB 20950—2020）第 5.1 条
3	泄漏排放限值：油气收集系统密封点泄漏检测值超过 500μmol/mol。	《储油库大气污染物排放标准》（GB 20950—2020）第 5.2 条
4	库区边界排放限值：企业边界任意 1 小时 NMHC 平均浓度值已经超过规定的指标（小于 4mg/m^3）。	《储油库大气污染物排放标准》（GB 20950—2020）第 5.3 条
5	未按照环境监测管理规定和技术规范的要求，设置、维护永久性采样口、采样测试平台和排污口标志。	《储油库大气污染物排放标准》（GB 20950—2020）第 6.2 条
6	未取得排污许可证；排污许可证未明确排放水污染物的种类、浓度、总量和排放去向等要求。	《中华人民共和国水污染防治法》第二十一条
7	未按照法律、行政法规和国务院环境保护主管部门的规定设置排污口。	《中华人民共和国水污染防治法》第二十二条
8	重点排污单位未安装水污染物排放自动监测设备，或未与环境保护主管部门的监控设备联网，或监测设备不正常运行。	《中华人民共和国水污染防治法》第二十三条
9	存在向水体排放油类、酸液、碱液或者剧毒废液的违法行为。	《中华人民共和国水污染防治法》第三十三条
10	存在向水体排放、倾倒放射性固体废物或者含有放射性物质废水的违法行为。	《中华人民共和国水污染防治法》第三十四条
11	存在利用渗井、渗坑、裂隙、溶洞，私设暗管，篡改、伪造监测数据，或者不正常运行水污染防治设施等逃避监管的方式排放水污染物的行为。	《中华人民共和国水污染防治法》第三十九条
12	危险废物处置场、垃圾填埋场等运营、管理单位，未采取防渗漏等措施，未建设地下水水质监测井进行监测，防止地下水污染。	《中华人民共和国水污染防治法》第四十条

续表

序号	主要风险	主要依据
13	未制定有关水污染事故的应急方案，并定期进行演练。	《中华人民共和国水污染防治法》第七十七条
14	危险废物移出人、危险废物承运人、危险废物接受人在危险废物转移过程中未采取防扬散、防流失、防渗漏或者其他防止污染环境的措施。	《危险废物转移管理办法》第九条
15	移出人未对承运人或者接受人的主体资格和技术能力进行核实，未依法签订书面合同，未在合同中约定运输、贮存、利用、处置危险废物的污染防治要求及相关责任。	《危险废物转移管理办法》第十条
16	企业移出人未制订危险废物管理计划，明确拟转移危险废物的种类、重量(数量)和流向等信息；未建立危险废物管理台账，对转移的危险废物进行计量称重，如实记录、妥善保管转移危险废物的种类、重量(数量)和接受人等相关信息。	《危险废物转移管理办法》第十条
17	企业移出人未填写、运行危险废物转移联单，或未在危险废物转移联单中如实填写移出人、承运人、接受人信息，转移危险废物的种类、重量(数量)、危险特性等信息，以及突发环境事件的防范措施等。	《危险废物转移管理办法》第十条
18	移出人未按照国家有关要求开展危险废物鉴别。存在将危险废物以副产品等名义提供或者委托给无危险废物经营许可证的单位或者其他生产经营者从事收集、贮存、利用、处置活动的违法行为。	《危险废物转移管理办法》第十条
19	危险废物电子转移联单数据不符合“企业因特殊原因无法运行危险废物电子转移联单的，可以先使用纸质转移联单，并于转移活动完成后 10 个工作日内在信息系统中补录电子转移联单”的规定。	《危险废物转移管理办法》第二十条
20	跨省转移危险废物的，未向危险废物移出地省级生态环境主管部门提出申请。	《危险废物转移管理办法》第二十一条
21	不符合“为防止油品或可燃气体窜入排水系统，排水口下游应设置水封井，水封井水封高度不小于 250mm；水封井不得设在车行道上，并应远离可能产生明火的地点”的要求。	中国石油《轻质油品储罐技术导则》第 10.3.1 条
22	不符合“三级防控系统收集废水应尽量采用重力(自流)方式；采用机泵提升和输送，应确保事故状态下机泵电(动)力保障”的要求。	中国石油《轻质油品储罐技术导则》第 10.3.1 条

第十七节 健康管理风险管控

一、主要风险提示

1）员工健康管理内容主要包括职业健康管理、公共卫生管理、身心健康管理3个部分。

2）职业病，是指企业、事业单位和个体经济组织等用人单位的员工在职业活动中，因接触粉尘、放射性物质和其他有毒、有害因素而引起的疾病。

3）应为员工创造符合国家职业卫生标准和卫生要求的工作环境和条件，并采取措施保障员工获得职业卫生保护。

4）加强对职业病防治的管理，落实职业病预防措施，从源头上控制和消除职业病危害。

5）建立健全员工健康管理机制，实行全员、全面健康管理，预防、控制职业病、传染病和慢性非传染性疾病，保护员工健康。

二、主要检查内容提示

1）职业病危害因素的强度或者浓度符合国家职业卫生标准；

2）有与职业病危害防护相适应的设施；

3）生产布局合理，符合有害与无害作业分开的原则；

4）有配套的更衣间、洗浴间等卫生设施；

5）设备、工具、用具等设施符合保护员工生理、心理健康的要求。

三、职业健康管理风险清单

职业健康管理风险清单见表3-17。

表3-17 职业健康管理风险清单

序号	主要风险	主要依据
1	未配备专职或者兼职的职业卫生管理人员，负责本单位的职业病防治工作。	《中华人民共和国职业病防治法》(2018修正版)第二十条

续表

序号	主要风险	主要依据
2	对可能发生急性职业损伤的有毒、有害工作场所，用人单位未设置报警装置，未配置现场急救用品、冲洗设备、应急撤离通道和必要的泄险区。	《中华人民共和国职业病防治法》(2018修正版)第二十五条
3	对放射工作场所和放射性同位素的运输、贮存，未配置防护设备和报警装置，接触放射线的工作人员未佩戴个人剂量计。	
4	向库区提供可能产生职业病危害的化学品、放射性同位素和含有放射性物质的材料的企业，未提供中文说明书。 说明书应当载明产品特性、主要成分、存在的有害因素、可能产生的危害后果、安全使用注意事项、职业病防护以及应急救治措施等内容。产品包装未有醒目的警示标识和中文警示说明。贮存上述材料的场所未在规定的部位设置危险物品标识或者放射性警示标识。	《中华人民共和国职业病防治法》(2018修正版)第二十九条
5	库区未开展职业病危害因素日常监测、未开展职业病危害现状评价，对检测、评价过程中发现的问题未采取相应治理措施。	《中华人民共和国职业病防治法》(2018修正版)第二十六条
6	库区与员工订立劳动合同(含聘用合同，下同)时，未将工作过程中可能产生的职业病危害及其后果、职业病防护措施和待遇等如实告知员工，并在劳动合同中写明。	《中华人民共和国职业病防治法》(2018修正版)第三十三条
7	未采用有效的职业病防护设施，并为员工提供个人使用的职业病防护用品，或未有个人职业病防护用品发放登记记录。	《中华人民共和国职业病防治法》(2018修正版)第二十二条
8	安排未经上岗前职业健康检查的员工从事接触职业病危害的作业；安排有职业禁忌的员工从事其所禁忌的作业。	《中华人民共和国职业病防治法》(2018修正版)第三十五条
9	工作场所存在职业病目录所列职业病的危害因素的，未及时、如实向所在地卫生行政部门申报危害项目，接受监督。	《中华人民共和国职业病防治法》(2018修正版)第十六条
10	主要负责人和职业卫生管理人员未接受职业卫生培训，未依法组织本单位的职业病防治工作。	《中华人民共和国职业病防治法》(2018修正版)第三十四条
11	未对员工进行上岗前的职业卫生培训和在岗期间的定期职业卫生培训，普及职业卫生知识，督促员工遵守职业病防治法律、法规、规章和操作规程，指导员工正确使用职业病防护设备和个人使用的职业病防护用品。	
12	未建立员工职业健康监护档案，并按照规定的期限妥善保存。职业健康监护档案不涵盖员工的职业史、职业病危害接触史、职业健康检查结果和职业病诊疗等有关个人健康资料。	《中华人民共和国职业病防治法》(2018修正版)第三十六条

第十八节　防恐保卫风险管控

一、主要风险提示

1. 管理制度及要求

建立与油库具体情况相适应的内部治安保卫制度，至少应包括门卫、值班、巡查制度；内部交通安全管理制度；治安防范教育培训制度；库区内部发生治安案件、涉嫌刑事犯罪案件的报告制度；治安保卫工作检查、考核及奖惩制度等。

2. 管理要求

1）油库主要负责人应对本单位的治安保卫工作负责；

2）应建立健全安全防范系统，落实防范措施，建立内部安全防范责任制，加强内部安全防范管理，做到人力防范、实体防范、技术防范相结合；

3）应和地方加强联防联动机制建设，共同维护油库安全运行。

3. 技术防范

1）库区视频监控系统应能有效地采集、显示、记录与回放现场图像。图像储存时间大于或等于 30 天。公安机关确定为防范恐怖袭击重点目标的油库，采集的视频图像信息保存期限不得少于 90 天：

① 对周界出入口和所有重要部位实施 24 小时监控，保证视频监控无盲区；

② 人员出入的监视回放图像能够清晰辨认人员的体貌特征；

③ 机动车辆出入口的监视回放图像能够清晰辨别进出机动车的外观和号牌；

④ 较大区域范围的监视和回放图像能够辨别监控范围内人员活动状况；

⑤ 视频监控系统应与入侵报警系统实现联动。

2）库区应安装入侵报警系统，且应符合 GB 50394 的规定。入侵报警系统应能有效地探测各种入侵行为，报警响应时间小于或等于 2 秒。与视频监控系统联动时间小于或等于 4 秒。

3）在库区大门、重要设施的出入口和重要房间应设出入口控制系统，其设计应符合 GB 50396 的规定：

① 出入口控制系统应有效将人员出入的事件、操作事件、报警事件等记录于存储系统的相关载体，存储时间大于或等于 180 天；

② 出入口控制系统应与该区域摄像机联动。

4）库区应设电子巡查系统，且应符合 GA/T 664 的规定。电子巡查日志应完整，不可删改，存储时间应大于或等于 180 天：

① 电子巡查系统应覆盖全库区；

② 巡更定位器应沿生产巡检人员和保安人员的巡查点布设。

二、重点检查内容

1）检查库区内部治安保卫制度的落实情况。

2）检查人力防范和实体防范、技术防范措施的落实情况。

3）检查在公安机关指导下制定完善的治安突发事件处置预案，并开展培训和定期演练情况。

4）检查开展治安防范宣传教育情况。

5）检查自觉接受政府有关部门对油库治安保卫工作的指导、监督、检查情况。

三、防恐保卫风险清单

防恐保卫风险清单见表 3-18。

表 3-18　防恐保卫风险清单

序号	主要风险	主要依据
1	设有防火堤的罐组内不满足下列要求：单罐容积大于 $20000m^3$ 时，应设置隔堤，立式储罐组内隔堤的高度不应低于 0.5m。	《石油化工企业设计防火标准（2018 年版）》（GB 50160—2008）第 6.2.15~1 条款和第 6.2.7~3 条款
2	危险化学品运输单位未依照规定对运营中的危险化学品、民用爆炸物品、核与放射物品的运输工具通过定位系统实行监控。	《中华人民共和国反恐怖主义法》（2016 年 1 月 1 日起施行）第二十二条
3	发生危险化学品、核与放射物品等物质被盗、丢失或者其他流失的情形，案发单位未立即采取必要的控制措施，未立即向公安机关和政府应急主管部门报告。	《中华人民共和国反恐怖主义法》（2016 年 1 月 1 日起施行）第二十三条
4	公安机关将遭受恐怖袭击的可能性较大以及遭受恐怖袭击可能造成重大的人身伤亡、财产损失或者社会影响的单位、场所、设施等确定为防范恐怖袭击的重点目标，重点目标的管理单位未履行下列职责： （一）制定防范和应对处置恐怖活动的预案、措施，定期进行培训和演练； （二）建立反恐怖主义工作专项经费保障制度，配备、更新防范和处置设备、设施； （三）指定相关机构或者落实责任人员，明确岗位职责； （四）实行风险评估，实时监测安全威胁，完善内部安全管理； （五）定期向公安机关和有关部门报告防范措施落实情况。	《中华人民共和国反恐怖主义法》（2016 年 1 月 1 日起施行）第三十一、三十二条

续表

序号	主要风险	主要依据
5	重点目标的管理单位未建立公共安全视频图像信息系统值班监看、信息保存使用、运行维护等管理制度，保障相关系统正常运行。采集的视频图像信息保存期限不符合“不得少于九十日”的规定要求。	《中华人民共和国反恐怖主义法》(2016年1月1日起施行)第三十二条
6	对重点目标以外的涉及公共安全的其他单位、场所、活动、设施，管理单位未依照法律、行政法规规定，建立健全安全管理制度，落实安全责任。	《中华人民共和国反恐怖主义法》(2016年1月1日起施行)第三十二条
7	重点目标的管理单位未对重要岗位人员进行安全背景审查。对有不适合情形的人员，未调整工作岗位，并将有关情况通报公安机关。	《中华人民共和国反恐怖主义法》(2016年1月1日起施行)第三十三条
8	反恐怖主义工作的企业不符合“履行反恐怖主义工作职责、义务过程中知悉的国家秘密、商业秘密和个人隐私应予以保密”的规定要求。	《中华人民共和国反恐怖主义法》(2016年1月1日起施行)第四十八条
9	公安机关调查恐怖活动嫌疑，向有关企业和个人收集、调取相关信息和材料，有关企业和个人未如实提供。	《中华人民共和国反恐怖主义法》(2016年1月1日起施行)第五十一条
10	应对处置恐怖事件的企业，未采取优先保护直接受到恐怖活动危害、威胁人员的人身安全的措施。	《中华人民共和国反恐怖主义法》(2016年1月1日起施行)第六十条
11	恐怖事件发生后，负责应对处置的反恐怖主义工作的企业未采取疏散、撤离并妥善安置受到威胁的人员以及采取其他救助措施。	《中华人民共和国反恐怖主义法》(2016年1月1日起施行)第六十一条
12	恐怖事件发生后，负责应对处置的反恐怖主义工作的企业未采取封锁现场和周边道路，查验现场人员的身份证件，在有关场所附近设置临时警戒线的措施。	《中华人民共和国反恐怖主义法》(2016年1月1日起施行)第六十一条
13	恐怖事件发生后，负责应对处置的反恐怖主义工作的企业未采取在特定区域内实施空域、海(水)域管制，对特定区域内的交通运输工具进行检查的措施。	《中华人民共和国反恐怖主义法》(2016年1月1日起施行)第六十一条
14	恐怖事件发生后，负责应对处置的反恐怖主义工作的企业未采取“禁止或者限制使用有关设备、设施，关闭或者限制使用有关场所，中止人员密集的活动或者可能导致危害扩大的生产经营活动”的措施。	《中华人民共和国反恐怖主义法》(2016年1月1日起施行)第六十一条
15	恐怖事件发生后，负责应对处置的反恐怖主义工作的企业未采取“抢修被损坏的交通、电信、互联网、广播电视、供水、排水、供电、供气、供热等公共设施”的措施。	《中华人民共和国反恐怖主义法》(2016年1月1日起施行)第六十一条

第四章　油库（输油站）安全生产负面行为清单

人的不安全行为是事故发生的主要原因之一，为进一步规范油库（输油站）员工安全行为，奠定油库良好安全文化基础，吸取各类典型事故教训，特制定本清单。目的是提示油库管理者要时刻保持警惕，关注员工的安全生产行为，遏制事故的发生。

第一节　安全生产禁令类负面行为清单

1）严禁在生产岗位饮酒、酒后作业，违者予以开除并解除劳动合同。

2）严禁在油气场所和易燃易爆区域内吸烟、携带火种等易燃易爆物品、未经许可使用非防爆设备，违者予以开除并解除劳动合同。

3）严禁岗位技术考核不合格的人员上岗作业，违者对直接负责人予以开除并解除劳动合同。

4）严禁高处作业不系安全带和涉水作业不穿戴救生衣，违者予以开除并解除劳动合同。

5）严禁工作中无证或酒后驾驶机动车，违者予以开除并解除劳动合同。

6）严禁无证从事电气、起重、电气焊、带压密封等特种作业，违者予以开除并解除劳动合同。

7）严禁违反操作规程或无票进行动火、进入受限空间、临时用电作业，违者予以处分并离岗培训；造成严重后果的，予以开除并解除劳动合同。

8）严禁未进行风险辨识开展作业、未进行危害因素分析实施工艺变更，违者予以处分并离岗培训；造成严重后果的，予以开除并解除劳动合同。

9）严禁使用不具备国家规定资质的承包商、对承包商以包代管，不履行安全生产监管责任，违者予以处分并离岗培训；造成严重后果的，予以开除并解除劳动合同。

10）严禁包庇袒护、拒不按规定处理违反禁令的行为，违者予以开除并解除劳动合同。

第二节　安全生产责任落实类负面行为清单

1）油库主要负责人没有严格履行安全生产第一责任人责任，未落实《安全生产法》规定的七项职责。

2）油库主要负责人、安全负责人在规定期限内(6 个月)未取得安全培训资格证书。

3）油库分管安全生产的负责人、安全生产管理人员不具备相应的安全生产知识和管理能力，未依法履行职责。

4）油库各级负责人不能熟知其职责范围内的安全风险及其管控措施。

5）重大危险源的技术负责人(六项安全职责)和操作负责人(四项安全职责)没有落实安全包保相关责任。

6）未按照规定落实动火、进入受限空间等特殊作业管理制度。

7）存在将导致严重后果的违章指挥、违章作业。

第三节　安全环保管理类负面行为清单

1）未准确掌握生产储存和使用的相关危险化学品危险特性信息、工艺危险性信息。

2）涉及“两重点一重大”的储存设施外部安全防护距离不符合国家标准要求或地区架空电力线路穿越油库区不符合规定要求，未制定相关风险管控措施。

3）未全面准确辨识评估所有设施、部位、场所和区域存在的各类安全风险，未制定并落实所有安全风险的管控措施，安全风险漏管失控。

4）在油品泄漏现场，未进行可燃气体浓度检测，未采用非防爆设备进行应急处置。

5）环保督办的限期治理项目未按期完成、环保治理设施未稳定达标排放。

6）擅自停用环保设施。

7）违法违规处置危险废物。

8）未经处理直接排放污染物或其他异味气体。

9）污染物在线监测设施违规运行。

第四节　生产运行操作类负面行为清单

1）油品储罐和输油管道超工艺控制指标运行。

2）储罐和管道油品加剂未进行反应安全风险评估、未确定风险等级、未采取有效管控措施。

3）擅自停用可燃、有毒、火灾等声光报警系统，或听见报警不到现场确认，随意屏蔽关闭报警。

4）擅自变动、停用、隔离或拆除安全装置、安全附件和安全设施。

5）原油、成品油腐蚀性介质超设防值，异常监测数据无原因分析及管控措施。

6）生产突发异常处置不到位引发超温、超压、超液位、设备损坏、安全环保等次生事故。

7）未严格执行操作纪律，违反操作规程的违章指挥和操作。

8）重要的操作调整、操作变动和工艺处理未编写操作规程或未制定技术方案，未按方案执行。

9）主要工艺参数未设置报警值，对于工艺参数报警，未分析原因并且没有采取任何调整措施。

10）监测不认真，未及时发现操作记录中发生较大变化的运行数据。

11）储罐投停无方案，未按规程进行，存在逾越操作程序的情况。

12）未严格执行停工、检修、开工界面交接管理规定，界面混乱、责任不清。

13）设备运行隐患排查不彻底，监护运行的设备风险管控措施未落实，下一步整改方案不明确。

14）未按要求组织储罐等设备投用前安全检查或投用前安全检查流于形式。

15）未按要求开展岗位巡回检查，巡而不检，巡检数据造假。

16）发现异常未按要求及时上报，未及时启动应急预案。

17）不掌握应急物资、装备与个体防护装备的用途，操作或使用不熟练。

18）消防安全检查、巡查工作未有效落实；不能正确操作使用本岗消防器材或设施。

19）电气作业未正确落实能量隔离措施；工艺系统用阀门代替盲板隔离。

20）带负荷操作刀闸、带接地线合闸、带电挂接地线。

21）易燃易爆物料装卸车作业，未按规定查验车辆及人员资质；未按要求规范劳动保护着装及防毒防爆要求。

22）易燃易爆物料装卸车作业未执行属地操作原则，由乙方司机、押运员从事方向节操作；装卸人员、司机擅自离开装卸现场。

23）汽油、柴油等成品充装站台充装过程库区无人现场监护。

第五节　设备管理类负面行为清单

1）设备存在漏点、变形等隐患缺陷，未进行有效安全风险评价并制定限期整改措施，日常监控、检查和维护措施不落实。

2）设备存在重大事故隐患而带病运转。

3）机泵振动超标，未限期治理且管控措施不到位。

4）在役高压容器、管线等特种设备本体及附件不完好且未及时修复。

5）未解除自启动功能，拆卸自启动转动设备。

6）涉及可燃和有毒有害气体泄漏的场所未按国家标准设置检测报警装置。

7）仪表安全联锁摘除未按规定办理审批手续和作业票，擅自摘除联锁；自控率、联锁投用率等数据造假。

8）检维修作业质量管控措施不到位，定力矩紧固、密封面检查、电气预防试验等规定动作执行不严格，属地单位现场检查、第三方监理未及时发现并纠正。

9）电气作业未严格执行“三三二五”制，存在违章作业和超范围作业。

10）电气隐患未及时治理或治理前未落实有效风险管控措施。

11）对检维修承包商及专业服务商管理考核不严格，未按相关规定及时处罚和清退。

12）安全附件未投用、未保持适用状态。

13）未建立重要设备预防性维护管理程序、未制订预防性维护计划或者未按计划实施。

14）未经安全风险分析评估、未采取有效管控措施、未做好充分应急准备进行设备抢修。

15）使用《淘汰落后安全技术工艺、设备目录（2016 年）》（安监总科技〔2016〕137 号）、《淘汰落后安全技术装备目录（2015 年第一批）》（安监总科技〔2015〕75 号）、《淘汰落后危险化学品安全生产工艺技术设备目录（第二批）》。

第六节　现场作业管理类负面行为清单

1）未对作业现场和作业过程中可能存在的危险有害因素进行辨识、未开展作业危害分析、未制定相应的安全风险管控措施。

2）违反作业规程、冒险违章作业。

3）签发作业票证未在作业现场，未到现场确认风险控制措施、环境、人员等作业条件签发作业许可。

4）作业审批手续不齐全、安全措施未全部落实、作业环境不符合安全要求。

5）未对参加作业的所有人员进行安全措施交底。

6）未办理作业许可证，擅自施工作业。

7）特殊作业期间监护人离开作业现场。

8）未按照国家相关规定，特殊作业期间视频监控未全过程覆盖。

9）在易燃易爆区域或空间使用非防爆工器具作业。

10）节假日和重要敏感时段施工作业未按规定升级管控。

11）未经有效书面授权批准或越级批准作业许可证。

12）作业过程中发生方案、环境和人员等变更未履行变更审批程序。

13）作业人员未经安全培训或无证上岗作业。

14）作业未按规定时间、位置、频次进行气体检测。

15）在涉及硫化氢等危险区域内不佩戴个人防护用品及携带便携式气体检测报警器。

16）动火作业未清除现场及周围易燃物品，未配备消防器材；未落实防火花飞溅措施。

17）特殊受限空间作业未制定应急预案或采取有效应急措施，未进行应急演练。

18）管线、设备打开作业前未对介质物料进行泄压、置换等有效处置；未采取加装盲板、断电等有效能量隔离措施；作业前未进行能量测试确认处理结果；未采取个人防护措施。

19）室外高处、吊装、动火作业遇五级以上强风、雷电、暴雨、浓雾、异常高温或低温、暴雪等恶劣环境条件未及时停止作业。

20）未采用生命线、护栏等防护措施进行高处/临边作业；安全带系挂不规范、锚点不牢固。

21）高度超过 24m 的脚手架搭设作业未编制技术方案；高度超过 50m 的脚手架作业未进行设计计算。

22）将管道、管架、电杆、机电设备等作为吊装锚点或未经核算将建筑物、构筑物作为锚点。

23）吊装作业前，未对起重机械、吊具、锁具、安全装置的完好性进行检查确认；吊车未支腿或支腿未设置垫木；非作业人员进入警戒区域；起重臂下和吊物上下站人；吊装作业过程中吊车操作人员离开操作室。

24）临时用电作业时，在易燃易爆区域未使用防爆电气设备，未落实“一机、一闸、一保护”；未按规范要求进行保护接地。

25）在未同时办理受限空间许可证情况下进行深度超过 1.2m 的挖掘作业；在未设计斜坡和台阶、支撑和挡板等保护设施情况下进行深度 6m 以内的挖掘作业。

26）射线作业未办理作业许可及相关会签；未设置安全防护区域并设置明显标志及夜间警示灯；未设置专人监护；现场未按规定配备剂量报警和测量仪器。

27）进入储罐等受限空间未严格执行登记制度并落实防静电等安全措施。

28）特种作业人员未持证上岗或超资质作业。

29）现场人员擅自变更作业方案、无监护人仍然从事作业。

30）未按照要求组织 HSE 现场检查，对已发现的 HSE 问题未及时处理。

31）不按规定穿戴个体防护用品进入爆炸危险区域施工，防爆场所使用非防爆电气设备。

第七节　安全教育培训类负面行为清单

1）没有定期对油库从业人员进行安全生产教育和培训，也没有做到应知应会。

2）没有建立和落实常态化警示教育机制，也没有定期、适时组织对从业人员的警示教育。

3）没有建立和落实安全生产“早会”制度，也没有常态化分析查找、防范化解安全隐患点。

4）没有对进入库区生产现场的外来人员进行安全风险教育告知，也没有落实相应的安全管控措施。

5）油库特种作业人员未按照国家有关规定经专门培训，也未取得相应资格上岗作业。

6）未定期开展各类应急预案的培训和演练，也未重点突出现场处置方案演练和总结。

7）未开展异常事件的分析评估和经验反馈和分享，事故事件管理存在严重缺失。

第八节　自动控制管理类负面行为清单

1）构成一级、二级重大危险源的危险化学品罐区未实现紧急切断功能。

2）涉及可燃和有毒有害气体泄漏的场所未按国家标准设置气体检测报警装置，爆炸危险场所未按国家标准安装使用防爆电气设备。

3）随意摘除、投用工艺设备联锁系统。

4）擅自改变报警、控制和联锁系统设置。

5）随意消除报警信号、报警系统故障未及时维修导致频繁报警。

第九节　变更管理负面行为清单

1）在生产经营过程中工艺、设备设施、外管道、工期、组织机构、关键岗位人员等发生变化时，未分析评估变更可能带来安全、环境、职业健康的风险，未制定落实管控措施就实施变更。

2）变更管理漏管失控，未履行变更管理审批程序，擅自实施变更。

3）需要紧急变更时，在风险预判可控的情况下未经现场负责人同意先行实施变更；实施变更期间也未按照变更程序进一步开展风险评估、制定和落实风险管控措施。

第五章　油库（输油站）风险等级评价

大型外浮顶原油储罐和成品油（汽油、柴油等）内浮顶储罐一旦发生火灾、爆炸等事故，将造成严重的人员伤亡和巨大的财产损失，加之大型外浮顶原油储罐和成品油储罐的火灾事故救援难度极大、时间较长，还会带来恶劣的社会影响。通过评估油库的风险等级，及时查找库区管理短板和隐患，预防油库事故发生是油库管理者的首要责任。

针对油库的生产工艺和设备管理运行情况，制定以下三种油库安全风险等级判定标准，第一种、第三种风险评估标准在油库自查自评或外聘第三方服务公司会诊评估时采用，第二种可结合油库实际选择采用。通过对库区的全面会诊评估确定油库风险等级，达到如下目的：

1）通过现场排查发现油库可能潜在的违法、违规风险，制定切实可行、全面的隐患整治和风险防控方案，筑牢安全环保合规基础；

2）通过自查或外部检查，进行系统性（专业性）排查，排查各专业管理缺失和威胁库区安全生产的潜在风险和隐患，并及时制定风险管控和隐患整治措施；

3）对排查的管理问题及时追本溯源，及时发现系统性管理缺陷，提升油库安全环保管理水平，也可以将油库风险等级评估结论与油库内外审核结论互为验证，为进一步优化油库安全环保管理，提升油库全面管理水平提供依据。

第一节　适用范围

本判定标准只适用于原油、成品油库及输油站的风险等级判定。

第二节　库区（输油站）风险等级划分标准

一、库区（输油站）风险快速判断标准

1）依据《危险化学品生产装置和储存设施风险基准》（GB 36894—2018）和国家相关法律法规、部门规章、标准规范，并参考相关风险矩阵（风险＝事故发生

可能性×事故后果严重性），结合有关事故案例，制定油库和输油站风险等级的快速判断准则。

2）油库风险等级分为重大风险(红色)、较大风险(橙色)、一般风险(黄色)和低风险(蓝色)4个级别。

3）各油库(输油站)可依据《油气储存企业安全风险评估细则》或《库区安全生产各类风险清单》第三部分(合规性清单)自检自评打分，也可由第三方现场检查评估打分。

4）依据发生火灾、爆炸、泄漏中毒等事故影响范围，综合考虑油库内部防护目标、外部防护目标、实际设备设施运行情况，参照油库的事故后果等级快速判断标准，查找库区管理短板和事故隐患，具体判定步骤如下。

① 依据《石油库设计规范》(GB 50074—2014)，按照库区储罐总容量TV(m^3)将库区划分为以下2个等级(表5-1)。

表5-1 库区等级划分

等级	易燃和可燃液体储罐总容量TV(m^3)
一级	100000≤TV(含特级库)
二级	30000≤TV<100000

② 按照物料危险性、易燃和可燃液体储罐总容量等因素，将油库(输油站)划分为以下三类库区。

Ⅰ类库区：涉及剧毒气体、天然气、爆炸品，且剧毒气体、天然气、液态烃或爆炸品构成一级重大危险源的一级库。

Ⅱ类库区：火灾危险性为甲类易燃液体，且易燃和可燃液体储罐总容量构成一级重大危险源的一级库，如果成品油储存种类为多种，应选择火灾危险性最大的成品油种类来确定库区类别。

Ⅲ类库区：除Ⅰ、Ⅱ类以外的其他库区。

③ 防护目标分类：高敏感目标、重要防护目标和一般防护目标，其中一般防护目标根据规模分为一类、二类、三类，对防护目标划分进行了简化后事故后果的分级。

Ⅰ、Ⅱ类库区事故后果等级快速判断标准见表5-2、表5-3。如果是Ⅲ类库区的事故后果等级直接判断为D级。

表 5-2　Ⅰ类库区事故后果分级

<table>
<tr><td>防护目标类别</td><td colspan="3">高敏感防护目标、重要防护目标和一般防护目标(一类)</td><td colspan="3">一般防护目标（二类）</td><td>内部防护目标（三类）</td></tr>
<tr><td>防护目标内容</td><td colspan="3">1. 高敏感防护目标：文化、教育、医疗卫生场所、社会福利设施及其他在事故场景下自我保护能力相对较低的群体聚集的场所；
2. 重要防护目标：公共图书展览设施、文物保护单位、城市轨道交通设施、军事安保设施及其他具有保护价值的或事故场景下人员不便撤离的场所；
3. 一般防护目标(一类)：居住户数30户以上或居住人数100人以上；100人以上行政办公建筑；体育场馆；剧场高峰时100人以上的露天场所。</td><td colspan="3">居住户数10~30户，或居住人数30~100人；30人以上、100人以下的办公建筑；体育场馆；商场高峰时100~300人露天场所；剧场高峰时100人以下露天场所。</td><td>库区内或化工园区界区内危险化学品企业的办公楼、中央控制室、外操室、消防站等人员集中场所，当班人数100人以下的非危化企业建筑物。</td></tr>
<tr><td>库区边界到防护目标的距离 L(m)</td><td>1000<L≤1500</td><td>800<L≤1000</td><td>L≤800</td><td>800<L≤1000</td><td>600<L≤800</td><td>L≤600</td><td>200<L≤300</td></tr>
<tr><td>后果等级</td><td>E</td><td>F</td><td>G</td><td>E</td><td>F</td><td>G</td><td>E</td></tr>
</table>

注：

① 库区边界到防护目标的距离是指库区最外侧含有危险介质(如原油、成品油等)的设备外缘或建筑物的最外轴线距防护目标的距离。

② 对于内部防护目标，如果涉及爆炸物，且人员集中建筑物采取了抗爆设计，并经过定量风险评估，人员年度死亡风险可接受，则可不考虑该人员集中场所。

③ 如果Ⅰ类库区没有出现表中情况，则后果等级为D。

④ 防护目标类别：上表中对防护目标划分进行了简化，具体规定和详细划分见《危险化学品生产装置和储存设施风险基准》(GB 36894—2018)。

表 5-3　Ⅱ类库区事故后果分级

<table>
<tr><td>防护目标类别</td><td>高敏感防护目标、重要防护目标和一般防护目标(一类)</td><td>一般防护目标（二类）</td><td>内部防护目标（三类）</td></tr>
<tr><td>防护目标内容</td><td>1. 高敏感防护目标：文化、教育、医疗卫生场所、社会福利设施及其他在事故场景下自我保护能力相对较低的群体聚集的场所；
2. 重要防护目标：公共图书展览设施、文物保护单位、城市轨道交通设施、军事安保设施及其他具有保护价值的或事故场景下人员不便撤离的场所；
3. 一般防护目标(一类)：居住户数30户以上或居住人数100人以上；100人以上行政办公建筑；体育场馆；剧场高峰时100人以上的露天场所。</td><td>居住户数10~30户，或居住人数30~100人；30人以上，100人以下办公建筑；体育场馆；商场高峰时100~300人露天场所；剧场高峰时100人以下露天场所。</td><td>库区内或化工园区界区内危险化学品企业的办公楼、中央控制室、外操室、消防站等人员集中场所，当班人数100人以下的非危化企业建筑物。</td></tr>
</table>

续表

防护目标类别	高敏感防护目标、重要防护目标和一般防护目标（一类）				一般防护目标（二类）			内部防护目标（三类）	
库区边界到防护目标的距离 L(m)	$400<L\leqslant500$	$300<L\leqslant400$	$200<L\leqslant300$	$L\leqslant200$	$300<L\leqslant400$	$200<L\leqslant300$	$L\leqslant200$	$100<L\leqslant200$	$L\leqslant100$
后果等级	D	E	F	G	D	E	F	D	E

注：

① 库区边界到防护目标的距离是指库区最外侧含有危险介质（如原油、成品油等）的设备外缘或建筑物的最外轴线距防护目标的距离。

② 对于内部防护目标，如果涉及火灾危险性为甲类的危险化学品，且人员集中建筑物采取了抗爆设计，并经过定量风险评估，人员年度死亡风险可接受，则可不考虑该人员集中场所。

③ 如果Ⅱ类库区没有出现表中情况，则后果等级为 D 级。

④ 防护目标类别：上表中对防护目标划分进行了简化，具体规定和详细划分见《危险化学品生产装置和储存设施风险基准》（GB 36894—2018）。

④ 油库（输油站）事故可能性等级划分。

依据《油气储存企业安全风险评估细则》或《库区安全生产各类风险清单》第三部分（合规性清单），设定总分值 1000 分，合规性评分方式采用扣分制，现场检查中对发现的每项问题，依据评估的严重程度扣 1～5 分，扣分原则如下：

每个评估项目只扣除 1 次分值，不累计扣分；

标准规范要求为“宜”的内容和不适用的项目，或作为建议项列出问题，可不进行扣分或扣 1 分；

针对规范的适用范围为“新、改、扩建项目”，且由规范条款更新导致的不符合项，列出问题，扣除 1 分，如制定了风险控制措施，削减了此类问题的风险且风险可以接受，可不扣分；

每项重大隐患扣 50 分；

每项较大隐患扣 25 分；

每项一般隐患扣 10 分。

每项依据严重程度扣除相应分值，得到油库最终得分，库区发生火灾爆炸或泄漏中毒事故的可能性等级划分采用如下判断标准（表 5-4），最终确定库区可能性等级。

表 5-4 可能性等级分类

可能性等级	得分情况	可能性等级	得分情况
2	得分≥900 分	6	600≤得分<700
3	850≤得分<900	7	500≤得分<600
4	800≤得分<850	8	得分<500 分
5	700≤得分<800		

⑤ 风险等级确定。

根据库区的后果等级与可能性等级，查图 5-1，按照重大风险(红色)、较大风险(橙色)、一般风险(黄色)和低风险(蓝色)4 个级别确定风险等级；最终得到库区的风险等级。

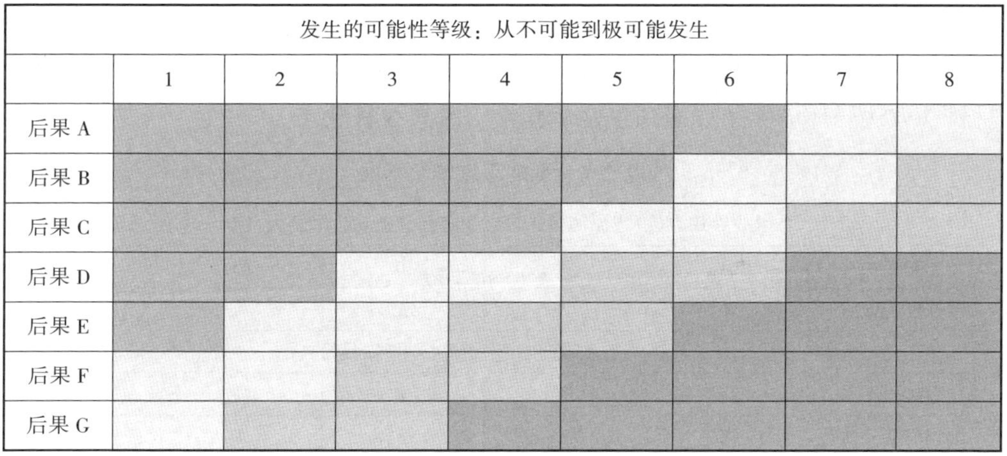

图 5-1 库区(输油站)风险矩阵评估等级

二、油库(输油站)风险矩阵风险评估标准

油库风险等级划分的过程就是重大风险分析评价的过程，要收集、分析、整理国内外同行业的风险事件及案例，通过分析历史数据和行业资料，查找风险发生的内外部原因，针对油库存在的主要风险，将油库进行独立评估(应全面评估年度内储罐大检修、大型生产操作、高风险作业项目等风险)，研判这些风险导致事故发生的可能性等级，无论是几个重大风险项目都应综合评估选择最严重等级；事故可能性等级标准、影响程度等级标准和风险等级标准见表 5-5～表 5-7。

1. 可能性等级标准

表 5-5 可能性等级标准

可能性	可能性等级分值		可能性等级分值
	发生概率	日常营运	
极小可能	概率≤5%	一般情况下不会发生	1
不太可能	5%<概率≤30%	极少情况下才发生	2
有可能	30%<概率≤50%	某些情况下发生	3
很可能	50%<概率≤95%	较多情况下发生	4
基本确定	概率>95%	常会发生	5

2. 影响程度等级标准

影响程度分值除考虑事故导致人员和财产损失外，还要充分考虑库区和长输管道防恐的风险、区域在城镇人口密集环境风险、社会负面影响等因素，不论是几个重大风险项都应综合评估选择最严重等级，同时也要充分考虑人员、设备、材料、方法、环境 5 个方面和正常、异常、紧急 3 种状态。

表 5-6 影响程度等级标准

事故导致人员和财产损失(考虑库容和管道高后果区因素)					
影响程度	极低	低	中	高	极高
影响程度分值	1	2	3	4	5
库区防恐风险(包括管道高后果区因素)					
影响程度	极低	低	中	高	极高
影响程度分值	1	2	3	4	5
库区在城镇人口密集环境风险					
影响程度	极低	低	中	高	极高
影响程度分值	1	2	3	4	5
库区事故导致的社会负面影响					
影响程度	极低	低	中	高	极高
影响程度分值	1	2	3	4	5
影响程度分值取以上 4 个取值中最大值					

3. 风险等级标准

计算出风险等级分值(R)，最后由风险值综合确定库区风险等级：

风险值(R)= 可能性分值×影响程度分值

表 5-7　风险等级标准

等级分类	风险等级分值	赋值说明	风险等级确定
低度	1≤R≤4	风险很小，日常工作中极少关注	低风险
较低	4<R≤7	风险较小，日常工作中偶尔关注	
中度	7<R≤10	风险一般，需要引起一般关注	一般风险
高度	10<R≤12	风险较大，需要引起高度关注	较大风险
极高	12<R≤25	风险很大，需要引起极大关注	重大风险

三、油库(输油站)全要素风险量化评估标准

1. 评估依据

本标准依据国家和行业现行法律、法规、标准进行编制。

2. 评估技术路线

安全风险评估工作从外部安全防护距离定量风险计算、人员密集场所抗爆评估、合规性评估、关键安全风险防控措施有效性评估以及重点安全管理要素评估5个方面开展。

1）外部安全防护距离定量风险计算。

通过划分泄漏场景开展外部防护距离确定工作，合理构建库区风险场景，科学划定外部安全防护距离，若存在外部防护距离不足的问题，从削减最大事故风险、调整平面布局、提高设备设施可靠性、完善安全仪表有效性等方面提出改进建议措施，确保油库外部安全风险可控。外部安全防护距离定量风险计算结果，依据计算出的个人风险、社会风险标准(可参考油库近期安评报告)，定义为三级(A、B、D)，具体见表5-8。

表 5-8　外部安全防护距离定量风险计算结果量化等级表

序号	外部安全防护距离定量风险量化评估等级	评估结果
1	A	社会风险落入可接受区且周边防护目标所承受的个人风险不超过个人风险基准的要求。
2	B	社会风险落入尽可能降低区以下且周边防护目标所承受的个人风险不超过个人风险基准的要求。
3	D	社会风险落入不可接受区或周边防护目标所承受的个人风险超过个人风险基准的要求。

注：仅设置3档，未设置C级，

2）人员密集场所抗爆评估。

通过开展基于泄漏风险或最大可信事故后果的人员密集场所抗爆评估，确定控制室等人员密集场所可能受到爆炸的风险或后果程度，确定建（构）筑物是否需要采取抗爆设计或其他风险控制措施，保障内部人员密集场所风险可接受。

通过检查评估，对人员密集场所需要进行抗爆改造的建（构）筑物数量进行分级，具体见表5-9。

表5-9 人员密集场所抗爆评估结果量化等级表

序号	人员密集场所抗爆评估等级	需进行抗爆改造的建（构）筑物数量
1	A	0
2	B	1~5
3	C	6~15
4	D	>15

如果油库已消除了以上两项风险，每部分评估等级可选择A，但要每年根据库区周边环境变化进行一次核查评估。

3）合规性评估。

合规性评估主要依据国家法律法规、部门规章及强制性国家和行业标准规范，全面、充分识别并预警库区安全生产潜在的合法、合规性风险，特别是要对新旧规范更新带来的不合规问题提出优化和改进方案；合规性评估可依据《油气储存企业安全风险评估细则》或《库区（输油站）各类风险清单》第三部分（合规性清单）最终的得分值。

4）关键安全风险防控措施有效性评估。

基于国家对于重大安全风险防控要求，结合HAZOP、LOPA等方法，开展消防应急能力、主要高风险作业项目的风险管控能力、仪表自动化系统可靠性等系统性计算与评估，深入排查制约油库安全生产的重大风险和隐患问题，提出系统性的重大风险防控与隐患治理方案。

5）重点安全管理要素评估。

主要针对安全领导力、生产工艺管理、设备管理、安全管理、承包商和培训管理等关键要素，结合评估发现的各类问题，分析导致问题产生的管理缺陷，与公司体系审核工作内外融合，为提升油库安全管理水平提供指导。

3. 风险评估方法

1）合规性评估。

依据《油气储存企业安全风险评估指南（试行）》或原油、成品油库《库区安全生产各类风险清单》第三部分（合规性清单），设定总分值1000分，合规性评分方式采用扣分制，现场检查中对发现的每项问题，依据评估的严重程度扣1~5分，扣分原则如下：

① 每个评估项目只扣除1次分值，不累计扣分；

② 标准规范要求为“宜”的内容和不适用的项目，或作为建议项列出问题，可不进行扣分或扣1分；

③ 针对规范的适用范围为“新、改、扩建项目”，且由于规范条款更新导致的不符合项，列出问题并扣除1分，如制定了风险控制措施削减此类问题的风险且风险可以接受，可不扣分；

④ 每项重大隐患扣50分；

⑤ 每项较大隐患扣25分；

⑥ 每项一般隐患扣10分。具体分级见表5-10。

表5-10　合规性评估量化等级表

序号	合规性评估等级	得分情况
1	A	得分≥900分
2	B	750分≤得分<900分
3	C	600分≤得分<750分
4	D	得分<600分

2）关键安全风险防控措施有效性风险评估。

关键安全风险防控措施有效性评估结果量化方案采用扣分制，总分为1000分，依据评估的严重程度扣1~5分，可重复扣分，按最终得分确定关键安全风险防控措施有效性评估结果等级，等级确认方式见表5-11。

表5-11　关键安全风险防控措施有效性评估结果量化等级表

序号	关键安全风险防控措施有效性评估等级	得分情况
1	A	得分≥900分
2	B	750分≤得分<900分
3	C	600分≤得分<750分
4	D	得分<600分

3）重点安全管理要素风险评估。

重点安全管理要素评估结果通过得分计算评估等级，每项重点管理要素满分100分，对每项重点管理要素的检查情况逐条验证，不符合规范的视严重程度扣1~5分，对不涉及的情况不扣分，每项重点管理要素得分与权重相乘后累加计算出得分。不同重点管理要素占不同权重，各重点管理要素权重占比见表 5-12；得到重点管理要素评估总体得分，依据表 5-13 判断重点安全管理要素评估最终等级。

表 5-12　各重点安全管理要素权重表

序号	重点管理要素	权重/%	得分
1	安全领导力	5	
2	生产运行与工艺管理	25	
3	设备管理	25	
4	安全管理	25	
5	承包商管理	10	
6	培训管理	10	
累计得分			

表 5-13　重点安全管理要素评估等级表

序号	管理要素评估等级	得分
1	A	得分≥90 分
2	B	80 分≤得分<90 分
3	C	60 分≤得分<80 分
4	D	得分<60

4）风险评估结果量化。

上述各项最终分级情况依据表 5-14 重新进行赋值。

表 5-14　各总分赋值表

序号	各项评估等级	赋值
1	A	100
2	B	85
3	C	70
4	D	55

5 个方面得分与表 5-15 中权重相乘作为各项最终得分。

表 5-15　各项权重表

序号	项目	权重/%	得分
1	合规性评估	25	
2	外部安全防护距离定量风险计算	15	
3	人员密集场所抗爆评估	15	
4	关键安全风险防控措施有效性评估	20	
5	重点安全管理要素评估	25	
油库风险综合评估得分			

5）最终风险评估结果可采用以下两种量化展示方式。

① 雷达图展示法。

建立雷达坐标系，用以展示企业评估结果各方面存在的优势和不足，发现短板，持续改进。示例见图 5-2。

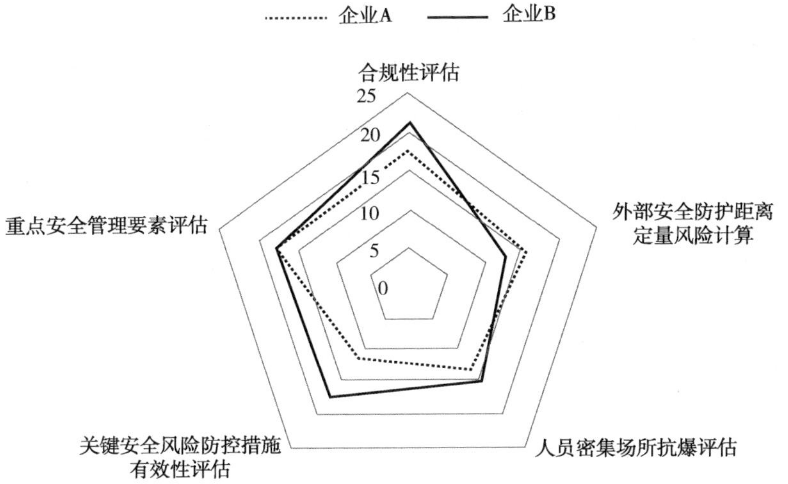

图 5-2　各油库（输油站）横向比较雷达图示例

② 总分值评估法。

针对 5 个方面等级重新评分赋值并与权重相乘后相加，作为油库安全风险评估结果的最终得分，并依据下表的分级（表 5-16）判定油库的最终量化评估结果。

表 5-16　量化审核标准分级表

级别	低风险（A 级）	中风险（B 级）	较高风险（C 级）	高风险（D 级）
分值	90～100	80～90	60～80	<60
管理要求	油库自主进行整改提升	地区公司定期督促重点问题整改落实		重点督办，协助地区公司落实整改

4. 评估结果应用

油库（输油站）安全风险自查评估结果不可作为各油库（输油站）间横向对比，自评结果仅作为油库自身持续改进的指导，采用第三方现场安全风险评估结果可作为各油库（输油站）间横向对比，各油库可结合实际补充完善各评估检查表内容，计算评估分数并确定油库评估等级，作为自身查找管理短板、持续改进的指导。

5. 隐患分级方案

对评估发现的隐患按照如下方案确定隐患等级。

1）重大隐患：化工列入《化工和危险化学品生产经营单位重大生产安全事故隐患 判定标准(试行)》(安监总管三〔2017〕121 号)和《重大火灾隐患判定方法》(GB 35181—2017)、《特种设备重大事故隐患判定准则》(GB 45067—2024)的重大隐患，每项扣 50 分。

2）较大隐患：依据企业及政府相关要求评估为较大隐患，每项扣 25 分。

3）一般隐患：重大隐患和较大隐患以外的其他隐患，每项扣 10 分。

建议油库结合库区管理的实际情况，可采取以上至少 2 种方式进行综合风险自评，来查找库区风险管控的管理短板。

第六章　油库总体风险管控措施

第一节　风险管控目标

1）结合安全生产风险评估、深度评估工作情况，举一反三，深入剖析问题的成因，按照“五定”的要求，有效推进各项问题的整改，从根本上消除隐患，提升油库的本质安全。油库应近期完成除大修或专项资金限制的隐患问题整改。通过完成隐患问题整改，降低库区风险等级。

2）结合生产运行实际情况，健全风险防控机制，全方位、全过程地识别生产工艺、设备设施、作业环境、人员行为和管理体系方面存在的重点安全风险，尤其是上级部门和油库风险自查自评、深度评估的问题项，对一时无法整改的问题，如受大修或专项资金限制的项目，纳入隐患管理，制定并落实有效的管控措施，确保安全风险始终处于受控范围。

第二节　近期排查出的主要风险和管控措施

仅作为参考，根据库区自查情况填写。

1）汽油罐车运输过程中导致着火、爆炸的风险。

如果充装站台汽油罐车接地带电阻不合格，将存在危险化学品汽油罐车运输过程中着火爆炸的风险，应重点做好汽油罐车充装前的检查检测，对检测接地带电阻不合格的罐车，严禁进入油品站台充装作业，确保充装罐车的安全。

2）如化验室内存放氩气瓶泄漏导致窒息亡人的风险。

第三节　风险管控措施和整治情况

一、落实大型油气储存基地安全风险管控措施

1. 安全风险评估问题隐患整治情况

油库（输油站）大型油气储存基地进行安全风险评估，将发现的问题统计并

列出相应的详细整治计划，确保安全管控措施的落实。

2.“四个系统”配置情况及问题整改

对气体检测系统、雷电预警系统、罐区罐顶视频监控系统和紧急切断系统进行风险识别，将发现的问题统计并列出相应的详细整治计划，确保安全管控措施的落实。

二、推进完整性管理提升本质安全管理水平

1. 设备周期性维护保养工作

针对储罐本体、基础、附件、仪表系统、防雷接地、附属消防设施等，定期开展月度、季度和年度储罐检查和维护工作，重点抓实储罐安全附件检验检测，组织做好储罐液位计、低低液位报警、高高液位报警、温度计、压力表等仪表定期自主校验工作，同时委托第三方检测单位开展防雷防静电接地、呼吸阀检验检测工作，定期开展储罐壁厚检测，监测罐板腐蚀状况工作。

2. 检验检测工作

按照储罐检测及评价相关标准规范开展储罐本体、罐基础及附件检验检测工作，持续开展储罐在线检验工作。

3. 储罐大修

结合储罐运行时间及前期检验检测情况，制订油库(输油站)储罐5年大修滚动计划。

三、罐区高风险作业项目风险管控

油库(输油站)罐区高风险作业项目主要为原油、成品油储罐大修和管道开孔作业。针对油库(输油站)罐区高风险作业项目，油库组织开展作业危害因素识别，制定针对性的风险管控措施，确保高风险作业项目风险受控，具体见附录1。

四、罐区高风险大型操作的风险管控

1）高风险操作项目描述。

2）操作风险管控方案见附录2。

第四节　保障措施

1）向上级部门反馈存在的问题隐患，尽早取得资金支持。

2）针对存在的问题，充分辨识风险，评估确定隐患等级，制定整改治理方

案，明确责任部门、责任人和治理期限（按照应急管理部和公司整改时限要求完成整改）。

3）制定治理过程中的风险监控和检测措施、应急处置措施，编制应急处置方案预案，组织培训和演练，确保治理过程安全。

4）治理完成后，对治理效果开展评估。

5）在体系审核（内外审核）过程中，重点对上述问题及问题的举一反三进行验证。

第七章　原油、成品油库节假日作业风险推荐性管控措施

第一节　概　　念

一、高危作业

高危作业是指从事高空、高压、易燃、易爆、剧毒、放射性等对作业人员产生高度危害的作业，包括特级作业和库区高危作业清单的作业项目。

二、节假日

节假日是指公休日和元旦、春节、清明、劳动节、端午、中秋、国庆等法定节假日。

三、重要敏感时段

重要敏感时段是指全国“两会”、党代会等重大政治活动期间，重要国际会议、国家重大活动等重要时段，包括国家和地方政府、公司明确规定的其他时间段。

第二节　高危作业管理要求

1）油库作业等级可分为 3 级：高危作业（特级作业和高危作业清单项目）、风险作业、一般作业，在节假日、特殊时段、夜间实行升级管理。

2）节假日和重要敏感时段（包括法定节假日、国家重大活动和会议期间）的抢修施工作业风险等级实行升级管理。

3）在特殊时段、节假日期间作业实行升级管理，要做到“严格、严肃”，这是为了进一步明确作业升级管理有关要求，强化生产安全风险管控到位，加强特殊时期的安全生产工作。

第三节　作业升级管理

1）节假日和重要敏感时段作业项目采用逐级提升的升级程序，即一般作业升级为风险作业，风险作业升级为高危作业。

白天作业项目没有完成，需要延期到夜间作业，应按照升级后的作业风险等级重新开具作业许可证。夜间紧急抢修项目的升级管理应按照风险等级参照此规定执行。库区储罐大检修期间的作业升级管理，由油库根据工艺设备隔离状态经过安全研判后确定风险等级。

2）风险管控措施升级。

① 风险分析评估升级。

工作前安全分析(JSA)由油库项目负责人(专业主管)组织升级为作业批准人(副站长、站长，要体现升级)组织，辨识危害因素，评估风险，制定风险削减措施，并监督检查措施落实情况。

② 安全监督升级(结合库区实际修订)。

按照作业等级逐级提升(安全员、安全主任等)。

高危作业(特级作业)：油库项目负责人和施工方作业负责人全程监督，作业许可相关签字人现场监督检查，审批人监督作业关键环节，安全监督人员旁站监督，涉及的库区安全负责人和专业主管人员对作业的关键高危作业环节旁站监督。

风险作业：项目负责人和作业负责人在关键作业环节全程监督，作业许可相关签字人现场监督检查，审批人监督和库区安全负责人检查作业关键环节，安全监督人员、涉及的专业人员和相关责任人员对作业的关键环节旁站监督。

一般作业：作业单位监护人现场监督，作业负责人、项目负责人现场监督检查，油库安监人员巡回检查。

第四节　作业许可证的会签和审批

1）高危作业许可，由油库相关责任人根据风险辨识专业责任人签字，按照相关规定由指定负责人审批签发。

2）风险作业许可，由库区相关专业主管人员签字，按照规定由指定负责人审批签发。

3）一般作业许可，由库区相关专业人员签字，按照规定由项目负责人及以上人员审批签发。

第五节　升级管控管理要求

1）针对节假日风险管控能力弱的特点，要加强节假日和重要敏感时段监管力量，强化作业关键环节和高风险作业的旁站监督，强化干部带班值班，按照三管三必须原则，相关专业主管应现场检查安全措施落实情况，提升现场风险管控能力。

2）严禁在重要敏感时段、节假日、公休日期间和夜间安排非抢修项目的高危作业，对必须安排抢修项目的高危作业，至少要安排项目主管以上专业领导对现场作业进行安全监督，并对进行作业活动的管控措施升级，包括落实风险分析评估升级、现场监护升级和安全监督升级等。

3）在作业前要按照规定开展安全分析工作，并制定风险削减和应急处置方案，逐步建立检维修项目安全分析数据库。凡是涉及油气系统的动火作业和库区管理规定必须消防监护的作业项目，应通知消防人员和车辆现场监护。

4）要逐渐完善高危和风险作业项目清单，严格执行作业许可管控流程和施工作业程序。

5）项目主管要严格按照管控流程，分析和评估管理风险，落实管控责任。

第六节　作业分级管理

对于已经列入库区高危作业项目清单的作业项目直接判断为高危作业，但作业前必须组织安全分析，制定风险管控措施。

附录1　油库(输油站)高风险作业项目风险管控方案

油库(输油站)高风险作业项目风险管控方案

序号	作业名称	作业部位	作业描述	风险管控措施
1	××#储罐大修、液位计改造及更换浮盘	罐区××#储罐	机械清罐，涉及进入受限空间和临时用电作业，存在人员窒息、触电和爆炸风险	(1)制定作业方案并通过审批，作业前做好安全交底，作业期间落实双监护。 (2)作业前做好可燃气体检测，确保气体检测结果符合要求。 (3)作业人员劳保穿戴到位，使用防爆工具和防爆照明。 (4)确保储罐防雷防静电接地良好，防止静电积聚。 (5)作业期间储罐周边严禁任何动火作业，做好作业区隔离，防止无关人员随意进入。 (6)所有进入受限空间人员携带一体式气体检测仪，保证气体持续监测，并系好安全绳应急救援。 (7)落实正压式空气呼吸器或长管正压式呼吸器、安全绳等。 (8)确保临时用电一机一闸一保护。 (9)雷雨期间严禁作业。
2	××#储罐大修、液位计改造及更换浮盘	罐区××#储罐	机械清罐，涉及清罐油水分离和危废处理环境保护风险	(1)作业过程产生的含油物品统一收集，交由有资质的环保单位处理。 (2)对储罐清理的含油物质进行油水分离后，交由有资质的环保单位处理。

续表

序号	作业名称	作业部位	作业描述	风险管控措施
3	××#储罐大修、液位计改造及更换浮盘	罐区××#储罐	铝制浮盘拆除，涉及进入受限空间和临时用电，存在人员窒息、触电和爆炸风险	(1)制定作业方案并通过审批，作业前做好安全交底，作业期间落实双监护。 (2)作业前做好可燃气体检测，确保气体检测结果合格。 (3)作业人员劳保穿戴到位，使用防爆工具和防爆照明。 (4)确保储罐防雷防静电接地良好，防止静电积聚。 (5)作业期间储罐周边严禁任何动火作业，做好作业区隔离，防止无关人员随意进入。 (6)所有进入受限空间人员携带一体式气体检测仪，保证气体持续监测，并系好安全绳应急救援。 (7)落实正压式空气呼吸器或长管正压式呼吸器、安全绳等。 (8)确保临时用电一机一闸一保护。 (9)雷雨期间严禁作业。

附录2　油库(输油站)高风险操作项目风险管控方案

油库(输油站)高风险操作项目风险管控方案

项目名称	部位	操作时间	风险描述	风险管控措施	责任人
1	罐区××#罐		存在泄漏、着火和爆炸风险	(1)制定操作方案并通过审批，操作前做好安全交底，作业期间落实双监护。 (2)雷雨期间严禁操作。	
2	罐区××罐		液位开关更换，罐壁除锈、防腐，保温层拆除、恢复，扶梯踏步维修等，涉及起重作业、高处作业、进入受限空间作业和动火作业，存在吊物伤人、高处坠落和爆炸风险	(1)制定作业方案并通过审批，作业前做好安全交底，作业期间落实双监护。 (2)作业前做好可燃气体检测，确保气体检测结果合格。 (3)作业人员劳保穿戴到位，使用防爆工具和防爆照明。 (4)确保储罐防雷防静电接地良好，防止静电积聚。 (5)做好作业区隔离，防止无关人员随意进入。 (6)所有进入受限空间人员携带一体式气体检测仪，保证气体连续监测，并系好安全绳应急救援。 (7)落实正压式空气呼吸器或长管正压式呼吸器、安全绳等。 (8)起重作业做好吊装人员证件管理，吊装过程吊物下方严禁站人；高处作业人员必须经过体检合格并系好安全带。 (9)确保临时用电一机一闸一保护。 (10)雷雨期间严禁作业。	

续表

项目名称	部位	操作时间	风险描述	风险管控措施	责任人
3	罐区××罐		储罐充水试验，涉及充水试验前条件确认，存在漏项风险	(1)严格按照方案组织逐项确认验收，避免漏项。 (2)不间断上水期间，做好人员排班，定期巡检并记录。 (3)作业人员劳保穿戴到位，使用防爆工具和防爆照明。 (4)确保储罐防雷防静电接地良好，防止静电积聚。 (5)定期专人监测浮盘情况并记录。	

附录 3　典型事故案例风险警示清单

为吸取化工和危险化学品输运储存企业重大及典型事故教训，警示企业管理者，将典型事故案例风险警示清单作为安全培训教材和定期组织隐患排查参考资料，对照清单查隐患，时刻保持安全警惕，有效遏制事故发生。

典型事故案例风险警示清单

事故类型	序号	主要风险	主要原因	事故案例
火灾爆炸事故	1	密封圈火灾	储罐的密封装置受制造、施工等因素的影响，可能造成一次密封固定环边与罐壁存在缝隙，而二次密封由于弹力作用始终与罐壁贴合，因此，油气会从罐体进入一、二次密封之间形成爆炸性气体环境，遇雷击时导致爆炸火灾。密封圈位置发生火灾通常呈局部弧形带状或整圈环形着火特点。	2011 年 11 月 22 日，大连新港油罐遭受直击雷，浮顶的一次密封钢板与罐壁之间、二次密封导电靴与罐壁之间的放电火花引起油罐的一次、二次密封空间内的爆炸性混合气体爆炸并起火。
	2	浮顶局部火灾	浮顶局部火灾是指过量收油、排水系统故障等导致外浮顶储罐的浮顶倾斜，整体保持漂浮状态，部分液面直接暴露在空气中，遇雷电、火花等点火源时发生的火灾。浮顶局部火灾如不能得到及时控制，会有很大概率变成全液面火灾。储罐的泡沫灭火系统泡沫喷射口设置在罐壁顶部、密封或挡雨板上方，主要针对密封圈火灾，对控制浮顶其他局部火灾效果较差。	2010 年 5 月 9 日，某石化公司石脑油内浮顶储罐因浮盘腐蚀穿孔，油气在浮盘与罐顶间聚集，罐壁腐蚀产物硫化亚铁发生自燃，引起闪爆，罐顶撕开，并起火燃烧。
	3	全液面火灾	由于密封圈火灾或浮顶局部火灾没有得到及时扑灭，浮顶发生沉没，火势扩大到整个液面，全液面火灾是最严重的油罐火灾事故。发生全液面火灾时，储罐会产生大量热辐射，着火储罐的热量辐射到临近储罐，并进一步通过临近储罐罐壁和浮顶传导到存储油品，使油品体积膨胀，在罐内形成对流。随着温度的上升，温度达到沸点产生的可燃气体穿过密封圈，进而引发临近储罐浮顶火灾。	2001 年 6 月 7 日，大雨导致美国路易斯安那州诺科市某炼油厂一座外浮顶汽油罐浮盘发生部分沉没。13 时 30 分，雷击击中该汽油储罐，导致浮顶全液面火灾的发生。

续表

事故类型	序号	主要风险	主要原因	事故案例
火灾爆炸事故	4	防火堤火灾	防火堤内火灾是指罐区内油品从管道、人孔、溢罐、膨胀节软管、静密封点、储罐腐蚀点等位置发生泄漏，在防火堤内形成液池并发生池火。	2021年5月31日，施工单位在某石化公司储罐防火堤内进行油气回收集气管等管线切割作业过程中储罐发生喷溅，引燃相邻储罐防火堤着火。
	5	浮舱着火爆炸	因浮舱漏油等导致易燃气体和液体积聚在浮舱，则可能发生爆炸着火。当浮盘落底并将空气吸入浮顶下方存在易燃气体的空间时，也会发生此类爆炸。	1999年6月25日，某新建原油储罐在浮盘组对泡沫挡板施焊工程中，施焊点处浮舱突然爆炸。
	6	外浮顶原油储罐一次密封采用机械密封，未经过充分安全评估	储罐的一次密封采用机械密封形式，机械密封虽然有密封性能好、使用寿命长、后期维护成本较低等优点，但机械密封的抗雷击能力较弱，遭受雷击极易引发着火爆炸。 一次机械密封设备内部存在非良好接触，有一定的空气间隙，在雷电冲击下易产生放电火花。在同等油气浓度情况下，浸液囊式软密封设备需要7.9kV以上电压才会产生放电火花，而机械密封设备仅需1kV电压即可出现明显放电火花。	案例1：2006年8月7日12时18分左右，某输油站16号$15\times10^4m^3$原油外浮顶储罐遭雷击起火，起火点达5处。一次密封为机械密封，二次密封采用带油气隔膜的密封结构。 案例2：2007年7月7日15时20分，某输油站3#$10\times10^4m^3$储油罐一、二次密封间被雷击着火，共有7处着火点，几乎连成大半圈，储油罐的密封采用一次密封加二次密封的结构，一次密封采用了机械密封的形式。
雷击着火事故	1	油气外泄大量集中于储罐顶，雷击时爆炸引起大火	1. 由于黄陂县持续高温，连续4天气温在38~39℃，持续高温给位于洼地的地槽(地下8m)内的4号储罐不断加热，同时由于罐体与地槽壁(防渗设施)相隔1m，使大量热量储存在罐体周围，不易散热，这样使储罐内的原油受热汽化。由于该储罐为$1000m^3$，可储存900t油，但当时储罐内仅储油211t，罐内存在大的空间，使汽化的原油气体受热膨胀，导致油气从呼吸阀外泄。当时由于该地区强对流天气发展，罐顶空气受抑制、少流动，这样外泄油气大量集中于储罐顶处，难以散发。当雷击时，油气在雷击金属罐体产生的电火花作用下产生明火。明火燃烧后，通过排气阀引着罐内油气在罐内燃烧膨胀，内压加大，使仅有2mm厚的罐顶首先爆炸引起大火。	1998年7月13日16时10分，武汉市某公司横店石油库遭直击雷击，造成库区4号储罐起火爆炸，烧毁原油125t及$1000m^3$储罐1座，造成重大经济损失。

续表

事故类型	序号	主要风险	主要原因	事故案例
雷击着火事故	1	油气外泄大量集中于储罐顶，雷击时爆炸引起大火	2. 从该库防雷设施的检测结果看：4号罐罐底接地体已大部分腐烂，位于罐体周围的接地体连接方式为猴卡连接(接地线有猴头式和鸭嘴式接地线)，不符合断接卡要求，由于接地体引下线为$\phi 8$钢筋，连接处接触面小，不利于雷电流下泄，同时4组地网间连接不良，互相间存在明显电位差，达不到等电位要求。 3. 原4号罐顶设有高7m的避雷针，采用法兰盘连接，以罐体作为引下线。法兰盘均已锈蚀，且罐顶钢板存在明显腐烂，致使发生油气外泄，雷击时引雷入地的避雷针下，因雷击产生电火花引起燃烧。	1998年7月13日16时10分，武汉市某公司横店石油库遭直击雷击，造成库区4号储罐起火爆炸，烧毁0号原油125t及1000m^3原储罐1座，造成重大经济损失。
	2	外浮顶汽油罐浮盘发生部分沉没	事故原因为大雨导致外浮顶汽油罐浮盘发生部分沉没，随后雷击击中该汽油储罐，导致全液面火灾。	2001年6月7日，大雨导致美国路易斯安那州诺科市某炼油厂1座外浮顶汽油罐浮盘发生部分沉没。13时30分，雷击击中该汽油储罐，导致浮顶火灾的发生。
	3	避雷针在保护范围的设计上不能有效地防止低云层小电荷云团的直击雷	浮顶未采用双层密封方式。单层密封的气密性能较差，在浮盘上方容易积聚泄漏油气，油气层是雷电流闪击传燃的主要媒介。原油罐直径大，罐上避雷针、独立避雷针、消雷塔在保护范围的设计上，不能有效地防止低云层小电荷云团的直击雷。	1995年8月3日，某炼油厂北山罐区$2\times10^4m^3$外浮顶原油罐着火，密封圈两处被烧毁。
作业事故	1	违规在原油库输油管道加注含有强氧化剂过氧化氢的“脱硫化氢剂”	在油轮停止卸油的情况下继续在原油库输油管道上加注含有强氧化剂过氧化氢的“脱硫化氢剂”作业，加注造成“脱硫化氢剂”在输油管道内局部富集，发生强氧化反应，导致输油管道发生爆炸，引发火灾和原油泄漏。	2010年7月16日18时许，大连某油库原油罐区输油管道发生爆炸，造成原油大量泄漏着火并引起罐区灾难性火灾。
	2	储罐浮盘上动火作业，现场监督和监护缺失，安全交底不到位	现场1名气焊工违反拆除方案要求，违章作业，擅自切割储罐浮船底板，切割火焰切穿浮船底板，并引燃浮船底板下壁残留焦化物、油污等可燃物，导致油罐内起火。	2010年10月24日16时10分左右，大连某公司某承包商施工人员对1座事故原油储罐进行拆除浮盘作业时发生火灾，未造成人员伤亡。

续表

事故类型	序号	主要风险	主要原因	事故案例
作业事故	3	原油罐区在拆卸旧阀施工过程中，施工现场产生火花	原油罐区在拆卸旧阀施工过程中，施工人员在起吊2#阀门时，管线内部分原油溢出，阀室内通风不良，现场油气弥漫，但施工人员仍然冒险作业，引燃阀室地面上原油，造成阀室一层管线区域发生火灾。原因：一是在拆卸旧阀过程中阀门端面和管线法兰端面碰撞打火；二是施工现场使用了非防爆潜水泵，抽原油时产生电火花引爆原油；三是作业前没有办理作业许可证。	2001年9月6日，某公司原油罐区在拆卸旧阀施工过程中引燃阀室地面上原油，造成阀室一层管线区域发生火灾，事故造成1人轻伤。
	4	防腐作业擅自更换油漆稀释剂，并使用非防爆临时用电设备	浮顶舱第三环内壁进行防腐作业，作业方违规私自更换防锈漆稀释剂，用含苯及甲苯等挥发性更大的稀释剂替代原施工方案确定的主要成分为二甲苯、丁醇和乙二醇乙醚醋酸酯的稀释剂。在没有采取任何强制通风措施的情况下组织施工，使储罐隔舱内的防锈漆和稀料中的有机溶剂挥发、积累达到爆炸极限。 施工现场使用的行灯和手照明灯具都没有防爆功能。电气火花引爆了达到爆炸极限的可燃气体；另外，施工现场还发现有手机、香烟和打火机等物品。	2006年10月28日19时16分，新疆某石化公司在建的$10\times10^4m^3$原油储罐作业项目，某防腐工程公司负责在原油储罐浮顶隔舱内进行刷漆作业，在作业接近结束时隔舱突然发生爆炸，造成13人死亡、6人轻伤。
	5	原油储罐在清理废油过程中使用非防爆临时用电引发火灾事故	在防爆区域使用了不防爆的电气开关，在停泵过程中开关产生的火花遇油泥挥发出并积聚的轻组分，发生了爆燃导致火灾。	2002年10月26日，某石化公司原油储罐在清理废油、储罐入口外地面集聚大量污油，当天22时左右，工程公司现场负责人押运油罐车到油品车间盛装罐底油泥，现场进行停泵操作，随之木制配电盘附近发生爆燃，火势顺势蔓延到储罐人孔处，导致火灾，造成1人死亡。
	6	原油清罐作业使用了非防爆工具和非防爆照明灯具	在清罐过程中，由于渣油被作业工具翻动；夏季气温高，油气挥发快，罐内自然通风效果不好；在清罐作业时储罐主阀门发生漏油事故等；造成罐内积聚了大量的油气，与空气混合形成了爆炸性气体环境，现场作业人员使用了铁锹，清罐作业使用10只普通非防爆灯具。普通照明灯具出现闪灭打火现象，铁锹作业撞击罐底产生的火花，导致爆燃事故。	2010年6月29日16时20分，某石化公司炼油厂原油输转站$3\times10^4m^3$原油罐在清罐作业过程中发生可燃气体爆燃事故，致使罐内作业人员5人死亡、5人受伤。

续表

事故类型	序号	主要风险	主要原因	事故案例
作业事故	7	罐区脚手架拆除作业发生坍塌事故	现场脚手架未严格按照技术规范搭设，违规使用无资质人员从事拆除脚手架作业，没有对现场的脚手架材料、扣件的完好程度和外观进行筛选，使部分不合格扣件使用于脚手架；搭设脚手架时，没有按照有关规定在距罐底板大于200mm处连续设置横、纵向扫地杆，致使杆基无法埋地，下部约1.2m段无横向约束，在受到横向外力的情况下脚手架发生变形进而坍塌。	2007年9月23日8时30分，河南某公司承担$1\times10^4m^3$某原油中间原料罐罐内防腐作业，罐顶部、侧壁防腐工作已完成，需将罐内脚手架拆除后进行罐底板防腐处理，在拆除脚手架作业时，发生脚手架垮塌事故，导致2人受伤。
	8	拆卸浮盘将可燃物质排放在罐内，罐内作业人员未随身携带气体检测仪并使用非防爆工具	铝合金浮盘浮箱积液（苯），在拆除浮箱过程中，浮箱内的苯外泄在储罐底板上且未被及时清理。由于苯易挥发且储罐内封闭环境无有效通风，易燃的苯蒸气与空气混合形成爆炸气体环境。罐内作业人员未随身携带气体检测仪并使用非防爆工具，产生的火花引爆罐内混合性气体。	2018年5月12日15时25分，某石化公司内浮顶苯罐在进行浮盘拆除作业时发生闪爆，某工程公司6名作业人员当场死亡。
	9	吊装作业导致罐顶堆积施工材料超重，造成罐顶塌陷撕裂	作业人员将吊装至罐顶的材料依次放置于罐顶中部较平坦位置，吊装物并列放置罐顶，造成多点超过罐顶设计附加荷载，最终导致整体罐顶塌陷撕裂。	2019年5月13日17时45分许，某工程公司在某炼化公司汽油罐顶部进行吊装作业，造成罐顶塌陷，导致在罐顶作业的3名员工坠落至罐底，事故造成1人死亡、1人重伤、1人轻伤。
	10	作业平台搭设不合格导致坍塌	某单位施工人员搭设504#罐内第八圈作业平台，搭设完成后，项目部安全负责人陈某、设备工程师李某、技术负责人贺某现场对平台进行验收，结论为不合格，贺某给施工队下达整改通知单。 9月19日施工单位向公司项目部李某报送整改完毕请示验收报告，李某和陈某对问题整改情况进行检查后，陈某单独在整改通知单上明确了同意施工的意见。搭设的作业平台在使用过程中曾受到向上的挂曳外力作用，导致三角架挂钩从蝴蝶板中脱出后，虚插在蝴蝶板上呈临近失稳状态，当工作人员在平台上捡拾散落的工装备件时，产生的作用力使三角架挂钩从蝴蝶板完全脱出，导致三角架支撑的两跨平台坍塌。	2013年9月24日，某港务局原油库区罐组平台发生坍塌事故，4名工人从高处作业平台坠落死亡。

续表

事故类型	序号	主要风险	主要原因	事故案例
作业事故	11	罐区管道动火作业未采取盲板隔离措施	17#储罐内的低闪点轻质油品挥发出可燃气体，经支管上的蝶阀泄漏到东罐区的尾气主管内，与主管内空气混合达到爆炸极限；焊接作业引燃了管道内可燃气体并形成爆轰；爆轰冲击波引爆了17#储罐内气相空间的可燃气体，造成整个罐体爆炸、坍塌，罐内油品泄漏，在防火堤内形成流淌火，罐区流淌火先后引发了26#和20#储罐的爆炸。	2019年5月15日，某公司东、西罐区尾气管道环保施工项目，尾气支管和总管线已焊接安装完成，东罐区主管线已经穿过2个罐区防火堤，准备与西罐区主管进行碰头。从东罐区17#储罐到此处碰头位置，尾气主管长约140m。5月16日8时2分53秒，正在进行焊接作业时，东罐区东南角17#储罐发生爆炸，罐顶随即窜出橘红色火焰，并冒出黑烟。爆炸后泄漏的燃料油流淌到整个罐区地面，开始有流淌火。罐区流淌火先后引发了26#和20#储罐的爆炸。
	12	在存有可燃物的储罐壁外动火作业	施工单位作业人员在罐顶违章进行气割动火作业，切割火焰引燃泄漏的甲苯等易燃易爆气体，回火至罐内引起储罐爆炸。	2013年6月2日14时27分许，某石化公司第一联合车间三苯罐区小罐区939#杂料罐在动火作业过程中发生爆炸、泄漏物料着火，并引起937#、936#、935#3座储罐相继爆炸着火，造成4人死亡。
	13	擅自变更作业内容，作业内容变更后，未开展作业前安全分析	石化设备公司4名作业人员对G2-03储罐内进行浮盘拆除作业，在作业过程中发现囊式密封内部的聚氨酯泡沫(海绵)内有汽油，请示公司生产技术部部长，部长要求先将囊式密封内的海绵清出，再安排清理汽油，在浮盘二次密封拆除过程中，汽油泄漏与储罐内空气混合形成爆炸性气体环境。现场使用的非防爆工具与现场存在的钢制构件摩擦碰撞打火，继而引发爆燃。	天津某公司“3·8”一般火灾事故。 2019年3月8日11时10分许，某石化设备公司员工在拆除某物流公司油罐内浮盘作业过程中，不慎起火，导致2人受伤，其中1人经抢救无效死亡。
	14	内浮顶油罐违章割含油密封带作业	作业人员在T0503石脑油罐内割密封带，造成密封带内石脑油漏出，易燃的石脑油蒸气与空气混合，局部浓度在爆炸极限范围。罐内作业人员穿戴非防静电劳保服装、使用非防爆工具(壁纸刀)作业等产生点火能量，引发爆炸性混合气体爆燃。	2022年2月22日13时58分，大连某石化公司组织某作业公司人员在储运部T0503石脑油内浮顶储罐进行清罐作业，清罐结束后在进行割浮盘囊式密封带时，罐内发生爆燃造成1人死亡、2人轻伤。

续表

事故类型	序号	主要风险	主要原因	事故案例
作业事故	15	清罐作业违犯规程	1. 使用防爆性能不完好的鼓风机在管道内进行通风； 2. 清罐前储罐未进行顶水置换，罐内还有底油未清干净； 3. 作业前未办理作业票证，未对油气浓度进行油气浓度检测和分析； 4. 使用非防爆工具拆油罐人孔。	2001年12月13日，湖南某油库对1座5000m^{3}覆土油罐进行清罐准备工作，油库主任、副主任、仓储股长等人在没有顶水排净罐内底油的情况下，就拆开油罐人孔，罐内油气外泄充满罐通道，而此时他们不按规定对油气浓度进行检测和分析，就使用防爆性能不完好的鼓风机在管道内通风，导致爆炸，覆土罐顶和钢罐顶被炸开塌陷，罐内残油烧尽。事故中烧伤4人，烧毁5000m^{3}钢罐1座，烧损90#汽油42.5t。
	16	高处坠落事故	1. 登高作业时未佩戴安全带，现场未采取安全防护措施； 2. 登高作业时现场无监护人员； 3. 登高作业前未办理登高作业票证。	2007年6月21日，山东省淄博市某单位新建罐区正在施工，单位基建科副科长甲未使用安全带，也未采取其他安全措施，便攀上罐顶，不慎从高处坠落，当场死亡。
静电事故	1	油罐顶采样口处未安装人体静电消除器，采样绳使用3个月未进行定期更换	油罐顶采样口处未安装人体静电消除器，采样绳使用3个月未进行更换，导电性失效，铜质采样器带电后，对采样口放电而引起的着火。	2002年3月21日18时10分左右，化验室化验员邵某根据班长陈某的安排到A罐采样。到达现场后，在将采样器由罐内向罐外提出临近采样口时发现火苗，邵某随即将采样器提出罐外，用采样口盖板盖住取样口，将采样器、采样绳用工作服上衣包住扔到罐下，并与随后赶来的操作员、化验员等人用灭火器将火扑灭。
	2	浮盘落底，空气进入浮盘与油面的空间	由于浮盘落底，空气进入浮盘与油面的空间，并且柴油中携带的氢气窜入储罐。进油流速较大(大于1m/s)，产生的静电发生放电。	2011年8月29日9时56分，某石化公司储运车间罐区875#罐在收油过程中发生1起着火事故。事故造成875#罐被烧坍塌，874#罐罐体过火，罐组周边地面管排过火，部分变形；东、南侧管廊上管排部分过火，没有造成人员伤亡，对周边海域和大气环境未造成污染。

续表

事故类型	序号	主要风险	主要原因	事故案例
静电事故	3	现场违规开启仪表变送器的导淋阀，并使用塑料取样瓶采样	石化公司操作工违规到储罐罐底打开仪表变送器的导淋阀，并使用塑料取样瓶在导淋口取样，塑料取样瓶产生静电放电，点燃了导淋口取样口可燃气体混合物，引发火灾。	2020年2月7日16时28分，某石化公司TK108号储罐在取样过程中发生火灾事故，未造成人员伤亡。
	4	采样绳索未采用导电性优良的夹金属防静电绳	现场采样壶为铜质材料，采样绳名为防静电绳，实为非金属的防静电绳，导电性极差。采样壶与罐顶平台发生接触。由于采样壶积累了大量的静电荷，与接地的罐体相比，存在着较高的电位。在接触的瞬间产生静电火花，引燃了样品瓶洒落的油样和采样绳。	2005年3月5日某企业采样人员携带1个样品瓶、1个铜质采样壶、1个采样筐（铁丝筐），在某化工轻油罐顶进行采样作业。8时30分左右，当采集完罐下部和上部样品，将第二壶样品向样品瓶中倒完油时，采样绳挂扯了采样筐并碰到了样品瓶，样品瓶内少量油品洒落到罐顶，为防止样品瓶翻倒，采样人员去扶样品瓶，采样壶与罐顶平台发生碰撞接触。几乎同时洒出的油品及采样绳上吸附的油品发生着火，采样人员立即将罐顶采样口盖盖上，将已着火的采样壶和采样绳移至盘梯口处，在罐顶呼喊罐下不远处的人员报警，采样绳及油品燃尽后熄灭。
自燃事故	1	储罐内罐壁腐蚀引发储罐硫化亚铁自燃	储罐内的石脑油主要是常减压装置初顶、加氢石脑油和重整轻石脑油，含硫量在300~600ppm之间存在硫腐蚀。304#罐内壁虽然采用了G4防腐，但在事故后进罐检查发现有局部脱落，并发现硫化亚铁的残留物。判定是由罐壁腐蚀产生的硫化亚铁自燃引发油罐闪爆。	2006年3月14日11时6分，某石化公司油品车间汽油罐区A#石脑油罐发生闪爆。由于处理及时得当，未发生火灾爆炸及其他次生事故。
	2	浮盘腐蚀穿孔引发硫化亚铁自燃	1613#罐铝制浮盘腐蚀穿孔，导致石脑油大量挥发，油气在浮盘与罐顶之间聚集。由于长期储存硫含量较高的石脑油，罐内壁腐蚀严重，内防腐层部分脱落，罐壁被腐蚀，罐顶及长期处于气相空间的罐壁因硫腐蚀产生大量硫化亚铁，硫化亚铁发生自燃，引起浮盘与罐顶之间的油气与空气混合物爆炸。	2010年5月9日11时20分左右，某石化公司炼油事业部储运2#罐区石脑油储罐发生火灾事故，事故造成1613#罐罐顶掀开、1615#罐罐顶局部开裂。

续表

事故类型	序号	主要风险	主要原因	事故案例
自燃事故	3	对储罐钝化作业效果重视不够引发硫化亚铁自燃	作业方案不够完善，对钝化作业盲目乐观，认为已经注入过钝化剂，没有考虑到油渣和铁锈数量过多，钝化剂量不足，无法充分有效中和罐内的硫化亚铁；人孔打开后，作业人员发现罐内有大量油气往外溢，没有意识到蒸罐未达到应有的效果，（此时应及时关闭人孔，重新对储罐进行蒸煮）导致空气进入罐内，引发硫化亚铁自燃。	2012年5月，某炼油厂1台5000m^3内浮顶轻污油罐，在检修作业时发生着火爆炸，该污油罐罐顶被炸飞、罐壁被炸塌。事故造成1台轻污油罐被炸毁、1人轻伤。
泄漏事故	1	罐底板腐蚀导致原油泄漏	油罐防腐时未充分考虑劣质原油腐蚀介质和罐底部沉积水的因素。油罐的检测和防腐蚀工作质量存在管理缺陷。	2016年7月27日，某企业在进行原油外浮顶储罐自压付油作业时，发现罐基础漏油，经快速有效处置，未导致严重后果。
	2	储罐中央排水装置漏油	中央排水管下复合软管内的波纹管与硬管连接处6至8点钟位置泄漏。	2019年4月，某库区1#罐西侧中央排水管下端排水阀及地面有原油渗漏痕迹，排水阀有原油流出，经确认该储罐西侧中央排水管已损坏，导致排水阀有原油放出。
	3	原油储罐旋喷搅拌器开启高度过低	该储罐内部装有旋转喷射搅拌器，使用频率较低，开启高度为4m，储罐在运行过程中，存在过低液位搅拌现象。储罐低液位时，排水软管靠近旋喷搅拌器喷口，喷射速度较高，对软管冲击作用更为强烈，长时间的简谐振动使排水管软管处于动态的拉伸、压缩、扭曲和剪切作用力状态，导致排水管软管内部刚性波纹管与法兰连接处疲劳开裂。	2015年9月，某库区7#储罐西侧中央排水管漏油，经及时有效处置，未造成严重事故。
	4	储罐不切水，罐底板腐蚀导致油品泄漏	由于储罐底板的内部腐蚀，在距离储罐罐壁大约1.5m的储罐底板小圆上的长条形区域的底板厚度几乎减到零，长度大约35m、宽度大约200mm。这个区域的储罐底板形成了1个沟槽，沟槽中水的不断积累导致储罐底板的严重腐蚀，腐蚀大大减低了储罐底部钢板的厚度。	2005年10月25日18时9分左右，比利时1座油品储运罐区原油储罐大约$3.7\times10^4m^3$原油几乎在15min之内全部泄漏，有部分原油冲出堤坝泄漏到罐区外。

续表

事故类型	序号	主要风险	主要原因	事故案例
泄漏事故	5	储罐管线金属软管断裂泄漏	阳光直射区域，密闭环境下管线原油受热膨胀，由于该系统无压力表或压力变送器进行压力监测，生产运行过程中无法获知管线内压力值，管线内压力因温差变化持续上升，迫使该系统中承受压力最薄弱的金属软管内波纹管与其法兰接头处顶部首先开裂，在内压作用下管内原油瞬间喷出，巨大的冲击力将金属波纹管本体拉裂，金属软管断裂后向上方甩起，撞向罐根阀门金属平台，使得金属软管继续向上弯曲，将管内原油喷洒到 $10\times10^4m^3$ 储罐罐壁后，金属软管在重力作用下落到地面。	2018 年 5 月 14 日，某油库 $10\times10^4m^3$ 储油罐抽底油管线与储罐连接处金属软管断裂引发原油泄漏，经紧急处置，未造成严重后果。
溢罐事故	1	储罐“高液位”和“高高液位”仪表报警器没有报警和联锁动作	这起重大事故发生的直接原因是储罐中的燃料液位升高后，“高液位”和“高高液位”这 2 个 ATG 报警器都没有动作，独立高液位开关(IHLS)没有任何动作。	2005 年 12 月 11 日约 6 时，英国邦斯菲尔德油库发生了一连串的爆炸火灾，爆炸和火灾摧毁了油库的大部分设施，包括 23 座大型储油罐，以及油库附近的房屋和商业设施，大火持续燃烧 5d 才完全扑灭。
	2	生产岗位人员误操作导致储罐溢罐	作业人员在进行 310#罐加剂自循环作业时错开阀门，误将 311#油罐中的汽油输至 310#油罐(容量为 $10000m^3$，已储有 6500t 汽油)，液面限位装置发出报警信号，值班员却误认为是报警装置误报(以前多次发生过)，未采取任何措施。汽油不断从油罐溢出，在油罐区附近积聚了约 $5\times10^4m^3$爆炸性混合气体。此时，1 民工驾驶 1 辆四轮拖拉机行驶至 310#油罐的马路处，排气管喷出的火星点燃了爆炸性混合气体，引起着火爆炸。	1993 年 10 月 21 日，江南某炼油厂轻质浮顶油罐发生重大火灾，扑救过程长达 17h，造成 2 人死亡、2 套生产装置停产，损失巨大。
	3	储罐未配备独立的高液位报警系统	储罐未配备独立的高液位报警系统，储罐进油作业发生溢流，泄漏出的汽油流入二级围堰后雾化，形成大量蒸气云，在污水处理区遇到点火源后发生爆炸。	2009 年 10 月 23 日，美国海外领地某石油公司油库发生爆炸。当时该油库正在从油轮向罐区进汽油，其中 1 台容量为 $1.9\times10^4m^3$的地上储罐发生溢流，泄漏出的汽油流入二级围堰后雾化，形成大量蒸气云，在污水处理区遇到点火源后发生爆炸。此次爆炸及二次爆炸造成的大火导致 17 个储罐、现场及周围居民区和商业区其他设备损坏，3 人受轻伤，大火持续燃烧约 60h。

续表

事故类型	序号	主要风险	主要原因	事故案例
安全间距不足	1	火炬与储罐安全间距不满足规定	引起火灾的原因是来自炼油厂火炬带火星的焦炭颗粒飘落至罐顶，火炬高约76m，距离储罐约100m。这一距离虽然符合相关规范安全要求，但由于当时风速较大，带火星的焦炭颗粒飘落至罐顶，引燃了密封圈与罐壁附近的油气。	1983年8月30日，英国某港口1座$9.5\times10^4m^3$外浮顶油罐发生火灾，原因是来自炼油厂火炬带火星的焦炭颗粒飘落至罐顶，引燃了密封圈与罐壁附近的油气。
防腐设施不完好	1	牺牲阳极块质量不合格，内部存在大量气孔	送检样品化学成分合格，电化学性能不合格，送检牺牲阳极块内部存在大量气孔。	2019年，某库区$5\times10^4m^3$原油储罐进行大修前检测时发现，该储罐内牺牲阳极消耗严重，但底部溶解不均匀。为确保牺牲阳极块能在下个大修周期继续有效保护储罐底板，对该牺牲阳极块进行了送检化验。
储罐基础沉降	1	原油储罐基础沉降	检测结果表明储罐的底板在距离罐壁1.5m处都有不同程度凹陷，有的底板凹陷区域长几米。这些凹陷是由储罐基础不均匀沉降引起的。	鹿特丹港口某炼油厂的原油罐于2005年10月25日发生了重大泄漏事故，原油从罐底泄漏出来。
一次密封失效	1	一次密封失效	现场到货密封与设计方案中密封不一致情况下，仍组织安装，厂家提供的一次密封装置中的固定板等金属件边角尖锐，割破了橡胶带，导致一次密封损坏失效。	2019年5月，某库区储罐在巡检时发现有3处密封胶带存在4～6m长度不等的破损，一次密封内的海绵在破损部位浮盘边缘板上露出，使得储罐一次密封失效。